高等职业院校“十三五”规划教材——电子电气类

电工技术实验与实训教程

主　编　刘志斌　江　丽
副主编　李朝阳　邓经纬　彭　彬
主　审　龙　剑

西南交通大学出版社
·成　都·

图书在版编目（C I P）数据

电工技术实验与实训教程 / 刘志斌，江丽主编. —
成都：西南交通大学出版社，2018.9
高等职业院校“十三五”规划教材. 电子电气类
ISBN 978-7-5643-6403-8

Ⅰ. ①电… Ⅱ. ①刘… ②江… Ⅲ. ①电工技术－实
验－高等职业教育－教材 Ⅳ. ①TM-33

中国版本图书馆 CIP 数据核字（2018）第 207331 号

高等职业院校“十三五”规划教材——电子电气类

电工技术实验与实训教程

主　　编 / 刘志斌　江　丽

责任编辑 / 穆　丰
封面设计 / 何东琳设计工作室

西南交通大学出版社出版发行
（四川省成都市二环路北一段 111 号西南交通大学创新大厦 21 楼　610031）
发行部电话：028-87600564　028-87600533
网址：http://www.xnjdcbs.com
印刷：成都中永印务有限责任公司

成品尺寸　185 mm × 260 mm
印张　10.5　　字数　264 千
版次　2018 年 9 月第 1 版　　印次　2018 年 9 月第 1 次

书号　ISBN 978-7-5643-6403-8
定价　36.00 元

课件咨询电话：028-87600533
图书如有印装质量问题　本社负责退换

前　言

“电工技术”作为重要的应用技术基础课程，其目的是培养学生具备较高水平的电工应用技术理论基础及基本技能。本书从高等职业教育人才培养目标出发，贯彻理论与实践并重的高职教育教学理念，编者们根据多年的教学经验，结合职业教育的特点和要求，对电工实验教学内容进行了精选，对书中的实验教学任务做了合理安排。采用“电工基础理论+实验任务实施+实验检验”的课程结构和理实一体化的教学设计。

全书共分为四个部分：电工技术基本技能、电路分析与测量技术、正弦交流电路及电磁感应测量与应用、电工技术综合实验；教材中选编的大部分实验和课题都经过编写人员亲自操作检验，对实验内容与实验项目精心选编，教学实验安排由浅入深、由易到难、由基础到综合；紧扣理论教学内容精心选编实验教学项目，突出了在实验教学环节，以学生为教学主体、以技能提高为核心、以职业素养培养为目标的教学宗旨。

为适应高等职业教育的培养目标对技术应用型人才的需要，本书在编写中突出了以下几个特点：

（1）以能力为本位，针对性强。首先注重基础知识、基本技能培养和训练，为此编写了电工技术基本技能、电路分析与测量技术的基础实验；其次注重培养学生独立分析问题和解决问题的能力，本教材编写了多个综合实训课题，由浅入深、由易到难、循序渐进、既有综合性又有趣味性，通过大量实践，使学生提高电路测量、电路装配、电路故障处理的能力。

（2）教材内容可选择性强。本教材是以电类各专业的需要为基础编写的，内容较全，能为教师和学生提供较大的信息量。同时教学内容的编排划分为四个层次，基本技能的训练、电路测试与电路分析、电路故障排查及综合实训项目的训练。其难易程度满足了不同层次的教学要求，各院校可根据具体情况灵活安排教学内容。

（3）实用性强。教材中选编的大部分实验和课题都经过编写人员亲自操作检验，每个电路均给出了元器件参数，可直接引用。

本书由刘志斌、江丽担任主编，龙剑主审。李朝阳、邓经纬、彭彬为副主编。在本书的出版过程中，得到了湖南省电子教学研究会、西南交大出版社和部分高职学院的大力支持、指导和帮助，编者在此表示衷心感谢。

由于编者水平有限，书中难免有疏漏和不妥之处，恳请读者批评指正。

编　者

2018 年 4 月

目　录

1　电工技术基本技能

1.1　手工钎焊工艺

1.1.1　焊接的基本知识

电子产品装配过程中，焊接是连接各电子元器件及导线的主要手段。它利用加热手段在两种金属的接触面，通过焊接材料的原子或分子的相互扩散作用，使两种金属间形成一种永久的牢固结合。利用焊接方法进行连接而形成的接点称为焊点。电子元器件的焊接称为钎焊，它的焊料是铅锡合金，熔点比较低，是使用最早、适用范围最广的一种焊接方法（也称锡焊）。焊接的种类很多，本节主要介绍手工焊接工艺。

1. 焊接工具

电烙铁是手工施焊的主要工具。选择合适的烙铁并合理地使用它，是保证焊接质量的基础。由于结构用途的不同，可以有各式各样的烙铁，从烙铁的功率大小划分，分为 20 W，30 W，300 W 等；从加热方式划分，分为直热式、感应式、气体燃烧式等。

常用的电烙铁一般为直热式。直热式又可分为外热式，内热式和恒温式三类。直热式电烙铁主要由烙铁芯、烙铁头、手柄、接线柱等组成，典型的电烙铁结构如图 1-1 所示。它的关键部件是烙铁芯，它是将镍铬电阻丝绕在云母、陶瓷等耐热、绝缘材料上构成。烙铁头安装在烙铁芯的里面，称为外热式电烙铁；烙铁芯安装在烙铁头里面，称为内热式电烙铁。它

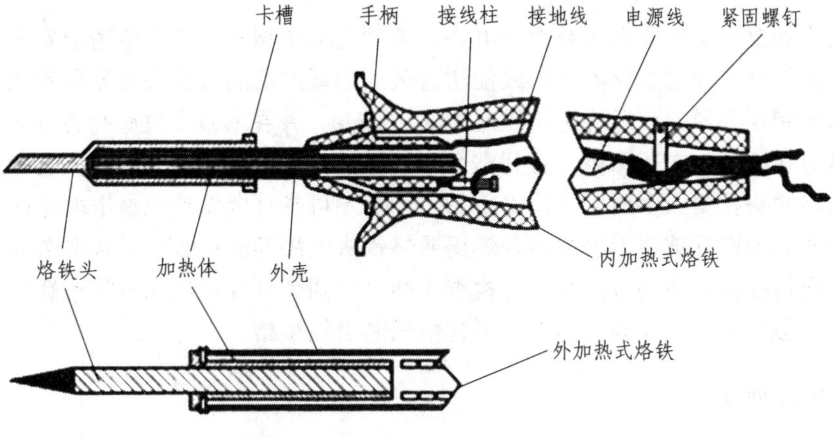

图 1-1　典型电烙铁内部结构图

们的工作原理类似。在接通电源后，烙铁芯升温，烙铁头受热温度升高，达到工作温度后，就可进行焊接。由于内热式电烙铁的烙铁芯在烙铁头内部发热，因而具有发热快、热利用率高、重量轻、体积小、耗电省的特点，得到了普遍应用，电子产品的手工焊接多采用内热式电烙铁。

烙铁头是用紫铜制作的，它的作用是储存热量和传导热量。为适应不同焊接物面的需要，烙铁头也分为不同的形状，常见的有锥式、凿式和圆斜面式等，其中，圆斜面式是市售烙铁头的一般形式。选择烙铁头的依据是：应使它尖端的接触面积小于焊接处（焊盘）的面积。烙铁头接触面过大，会使过量的热量传导给焊接部位，损坏元器件及印制板。

电烙铁的种类和规格有很多种，而且被焊工件的大小又各有不同，因而合理地选用电烙铁的功率和种类，对提高焊接质量和效率有最直接的关系。一般选择电烙铁主要从烙铁的种类、功率及烙铁头的形状三个方面考虑。一般的焊接应首选内热式电烙铁，对于大型元器件及直径较粗的导线应考虑选用功率大的外热式电烙铁。对要求工作时间长，被焊元器件又少的场合，则应考虑用恒温电烙铁。具体来说，对小型元器件的普通印制电路板和 IC 电路板的焊接应选用 20 ~ 25 W 内热式电烙铁或 30 W 外热式电烙铁；焊接导线及圆轴电缆，应选用 50 W 内热式电烙铁或 45 ~ 75 W 外热式电烙铁；焊接较大的元器件，如输出变压器的引线脚，应选用 100 W 以上的电烙铁。

电烙铁拿法分为三种，如图 1-2 所示。反握法动作要稳，长时间操作不易疲劳，适用于大功率烙铁的操作；正握法适用于中等功率烙铁或带弯头电烙铁的操作；握笔法易于掌握，但长时间操作容易疲劳，一般在操作台上焊接印制电路板等焊件时多采用握笔法。

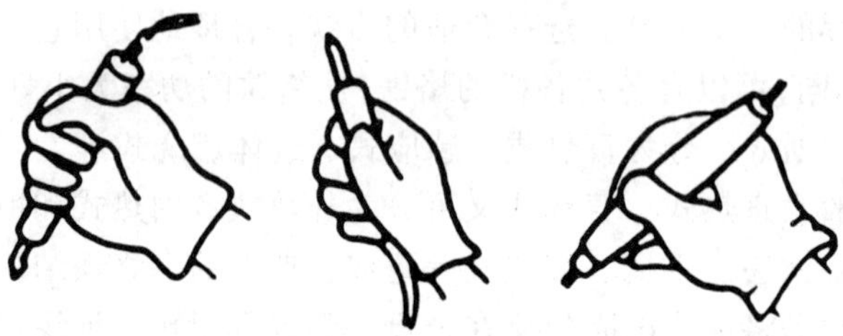

（a）反握法　　（b）正握法　　（c）笔握法

图 1-2　电烙铁的握法

使用电烙铁要核对电源电压是否与电烙铁的额定电压相符，要注意用电安全，避免发生触电事故。新烙铁头与已氧化不沾锡或使用过久而出现凹坑的烙铁头可先用砂纸或细锉刀打磨，使其露出紫铜光泽，而后将电烙铁通电 2 ~ 3 min，并在木板上放些松香并放一段焊锡，烙铁沾上锡后在松香中来回摩擦，直到整个烙铁修整面均匀地镀上一层锡，这叫搪锡。搪锡后如果出现烙铁头挂锡太多而影响焊锡质量，千万不可摔打电烙铁或敲击电烙铁，因为这样可能导致烙铁芯的瓷管破裂。去掉多余焊锡或烙铁头上的残渣的方法是在湿布或湿海绵上进行擦拭。电烙铁在使用中还应注意经常检查手柄上坚固螺钉及烙铁头的锁紧螺钉是否松动，若出现松动，会使电源线扭动、破损，引起烙铁芯引线短路。

2. 焊接的种类

焊接是使金属连接的一种方法，是电子产品生产中必须掌握的一种基本操作技能。现代焊接技术主要分为熔焊、钎焊和接触焊三类。

1）熔焊

熔焊是一种使加热被焊件（母材）溶化产生合金而焊接在一起的焊接技术，即直接熔化母材的焊接技术。常见的熔焊有电弧焊、激光焊、等离子焊及气焊等。

2）钎焊

钎焊是一种在已加热的被焊件之间，熔入低于被焊件熔点的焊料，使被焊件与焊料熔为一体并连接在一起的焊接技术，即母材不熔化，焊料熔化的焊接技术。常见的钎焊有锡焊、火焰钎焊、真空钎焊等。在电子产品的生产中，大量采用锡焊技术进行焊接。

3）接触焊

接触焊是一种不用焊料和焊剂即可获得可靠连接的焊接技术。常见的接触焊有压接、绕接、穿刺等。

焊接技术多种多样，但使用最多、最具有代表性意义的是锡焊。

3. 焊料、焊剂和焊接的辅助材料

1）焊料

焊料是一种熔点低于被焊金属，在被焊金属不熔化的条件下，能润湿被焊金属表面，并在接触面处形成合金层的物质。

焊料按其组成成分，可分为锡铅合金焊料、银焊料、铜焊料等。锡铅合金焊料又称焊锡，具有熔点低、机械强度高、抗腐蚀性能好的特点，因此成为最常用的焊料。对焊接有特殊要求的一些场合，会使用掺有某些金属的焊锡。例如，在锡铅合金中掺入少量的银，可使焊锡的熔点降低，强度增大；在锡铅合金中掺入镉，可使焊锡变成高温焊锡。电子产品中常用焊锡种类如表 1-1 所示。

表 1-1　电子产品中常用的焊锡种类

序号	焊锡中各金属成分比例				焊锡熔点（°C）
	锡（Sn）	铅（Pb）	镉（Cd）	铋（Bi）	
1	61.9%	38.9%			182
2	35%	42%		23%	150
3	50%	32%	18%		145
4	23%	40%		37%	125
5	20%	40%		40%	110

锡铅合金焊料的有多种形状和分类。其形状有粉末状、带状、球状、块状和管状等几种，手工焊接中最常见的是管状松香芯焊锡丝。这种焊锡丝将焊锡制成管状，其轴向芯内是优质松香添加一定的活化剂组成的。

管状松香芯焊锡丝的外径有 0.6 mm、0.8 mm、1.0 mm、1.2 mm、1.6 mm、2.3 mm、3.0 mm、4.0 mm、5.0 mm 等若干种尺寸。焊接时，根据焊盘的大小选择松香芯焊锡丝的尺寸。通常，

松香芯焊锡丝的外径应小于焊盘的尺寸。

2）焊剂

焊剂又称助焊剂，它是焊接时添加在焊点上的化合物，是进行锡铅焊接的辅助材料。焊剂能去除被焊金属表面的氧化物，防止焊接时被焊金属和焊料再次出现氧化，并降低焊料表面的张力，有助于焊接。

（1）对焊剂的要求。

① 焊剂的熔点低于焊料的熔点。

② 焊剂的表面张力、黏度和比重应小于焊料。

③ 残余的焊剂容易清除。

④ 不会腐蚀被焊金属。

⑤ 不会产生对人体有害的气体及刺激性气味。

（2）常用的助焊剂。

① 无机焊剂：这种焊剂的特点是有很好的助焊作用，但是具有强烈的腐蚀性。该焊剂大多用在可清洗的金属制品的焊接中，市场中销售的焊油、焊膏均属于这一类。由于电子元器件的体积小，外形及引线精细，若使用无机焊剂，会造成日后的腐蚀断路故障，因而电子焊接中，通常不允许使用无机焊剂。

② 有机助焊剂：这种焊剂的特点是有较好的助焊作用，但有一定的腐蚀性，残余的焊剂不容易清除，且挥发物对人体有害。因此在电子产品的焊接中也不使用。

③ 松香类焊剂：该焊剂属于树脂系列焊剂。这种焊剂的特点是有较好的助焊作用，且无腐蚀、绝缘性能好、稳定性高、耐湿性好，焊接后容易清洗，因此电子产品的焊接中常使用此类焊剂。

注意：松香类焊剂反复使用后会发黑（碳化），这时的松香是没有助焊作用的。

3）清洗剂

在完成焊接操作后，焊点周围存在残余焊剂、油污、焊迹等杂质，这些杂质对焊点有腐蚀作用，会造成绝缘电阻下降、电路短路或接触不良等，因此要对焊点进行清洗。

常用的清洗剂有：

① 无水乙醇。

无水乙醇又称无水酒精，它是一种无色透明且易挥发的液体。其特点是易燃、吸潮性好，能与水及其他许多有机溶剂混合，可用于清洗焊点和印制电路板组装件上残留的焊剂和油污等。

② 航空洗涤汽油。

航空洗涤汽油是由天然原油中提取的轻汽油，可用于精密部件和焊点的洗涤等。

③ 三氯三氟乙烷（F113）。

三氯三氟乙烷（F113）是一种稳定的化合物，在常温下为无色透明易挥发的液体，有微弱的醚的气味。它对铜、铝、锡等金属无腐蚀作用。在电子设备中常用作气相清洗液。

有时，也会采用三氯三氟乙烷和乙醇的混合物，或用汽油和乙醇的混合物作为电子设备的清洗液。

4）阻焊剂

阻焊剂是一种耐高温的涂料，其作用是保护印制电路板上不需要焊接的部位。使用时，将阻焊剂涂在不需要焊接的部位即可。我们常见的印制电路板上没有焊盘的绿色涂层即为阻焊剂。

① 阻焊剂的优点。

在焊接中，特别是在自动焊接技术中，可防止桥接、短路等现象发生，降低返修率；焊接时，可减小印制电路板受到的热冲击，使印制板的板面不易起泡和分层；使用带有色彩的阻焊剂，使印制板的板面显得整洁美观。

② 阻焊剂的种类。

阻焊剂分为热固化型阻焊剂、紫外线光固化型阻焊剂（又称光敏阻焊剂）和电子辐射固化型阻焊剂等几种。目前，常用的阻焊剂为紫外线光固化型阻焊剂。

4. 锡焊的基本条件

1）被焊金属应具有良好的可焊性

可焊性是指在一定的温度和助焊剂的作用下，被焊件与焊料之间能够形成良好合金层的能力。不是所有的金属都具有良好的可焊性，例如，铜、金、银的可焊性都很好（但金、银价格较贵，一般很少使用，而常用铜来作为元器件的引脚、导线、接点等），铁、铬、钨等金属的可焊性较差。为避免氧化破坏金属的可焊性，或需焊接可焊性较差的金属，常常采用在被焊金属表面镀锡、镀银的办法来解决以上问题。

2）被焊件应保持清洁

杂质（氧化物、污垢等）的存在，会严重影响被焊件与焊料之间的合金层的形成。为保证焊接质量，使被焊件达到良好的连接，在焊接前，应做好被焊件的表面清洁工作，去除氧化物、污垢。通常使用无水乙醇来清除污垢，焊接时使用焊剂来清除氧化物；当氧化物、污垢严重时，可先采用小刀轻刮或细砂纸轻轻打磨，然后用无水乙醇清洗的方法来完成清洁工作。

3）选择合适的焊料

锡焊工艺中使用的焊料是锡铅合金，根据锡铅比例和成分的不同，其性能和种类也不同，如表 1-1 所示。焊料的成分及性能，直接影响到被焊件的可焊性。焊料中的杂质同样会影响被焊件与焊料之间的连接。使用时，应根据不同的要求选择合适的焊料。

4）选择合适的焊剂

焊剂是用于去除被焊金属表面的氧化物，防止焊接时被焊金属和焊料再次出现氧化，并降低焊料表面的张力的焊接辅助材料。它有助于形成良好的焊点，保证焊接的质量。锡焊工艺中多使用松香作助焊剂。

5）保证合适的焊接温度

合适的焊接温度，是完成焊接的重要因数。保证焊接温度的有效办法是选择功率、大小合适的电烙铁，控制焊接时间。对印制板上的电子元器件进行焊接时，电烙铁一般选择 20 ~

35 W 的功率；每个焊点一次焊接的时间应不大于 3 s。

焊接过程中，若一次焊接在 3 s 内没有焊完，应停止焊接，待元器件的温度完全冷却后，再行第二次焊接，若仍然无法完成，则必须查找影响焊接的其他原因。

1.1.2 手工焊接的工艺要求

焊接是电子产品实现电气连接的重要手段之一，掌握正确的焊接工艺，是保证电子产品质量的重要途径。

手工焊接是焊接技术的基础。它适合于产品试制，电子产品的小批量生产，电子产品的调试与维修以及某些不适合自动焊接的场合。学好手工焊接的要点是：保证正确的焊接姿势，熟练掌握焊接的基本操作步骤和手工焊接的基本要领。

1. 手工焊接技术

1）手工焊接操作的基本步骤

正确的焊接操作过程分为五个步骤（也称五步法，见图 1-3）。

（1）准备。

焊接前应准备好焊接的工具和材料，清洁被焊件及工作台，进行元器件的插装及导线端头的处理工作；然后左手拿焊锡，右手握电烙铁，进入待焊状态。

（2）加热。

用电烙铁加热被焊件，使焊接部位的温度上升至焊接所需要的温度。

（3）加焊料。

当焊件加热到一定的温度后，即在烙铁头与焊接部位的结合处以及对称的一侧，加上适量的焊料。

（4）移开焊料。

当适量的焊料熔化后，迅速向左上方移开焊料；然后用烙铁头沿着焊接部位将熔化焊料拖动或转动一段距离，确保焊料覆盖整个焊点。

（5）移开烙铁。

当焊点上的焊料充分润湿焊接部位时，立即向右上方 45°的方向移开电烙铁，结束焊接。

上述（2）~（5）的操作过程，一般要求在 2 ~ 3 s 的时间内完成；实际操作中，具体的焊接时间还要根据环境温度的高低、电烙铁的功率大小以及焊点的热容量来确定。在焊点较小的情况下，也可采用三步法完成焊接（见图 1-4），即将五步法中的（2）、（3）步合为一步，指加热被焊件和加焊料同时进行；（4）、（5）步合为一步，指同时移开焊料和烙铁头。

五步操作法如图 1-3 所示，三步操作法如图 1-4 所示。

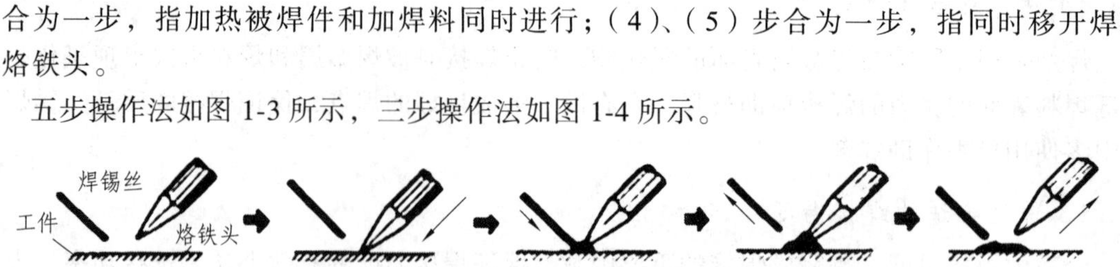

图 1-3 五部操作法

图 1-4　三部操作法

2）正确的焊接姿势

一般采用坐姿焊接，工作台和座椅的高度要合适。在焊接过程中，为减小焊料、焊剂挥发的化学物质对人体的伤害，同时保证操作者方便焊接，要求焊接时电烙铁离操作者鼻子的距离以 20 ~ 30 cm 为佳。

焊接操作者拿电烙铁的方法有三种：

（1）反握法。

反握法对被焊件的压力较大，适合于较大功率的电烙铁（>75 W）对大焊点的焊接操作，如图 1-2（a）所示。

（2）正握法。

正握法适用于中功率的电烙铁及带弯头的电烙铁的操作，或直烙铁头在大型机架上的焊接，如图 1-2（b）所示。

（3）笔握法。

笔握法适用于小功率的电烙铁焊接印制板上的元器件，如图 1-2（c）所示。

3）手工焊接的操作要领

（1）焊剂的用量要合适。

使用焊剂时，必须根据被焊件面积大小和表面状态适量施用。用量过少，焊料和焊件不能牢固结合，降低了焊点的强度；用量过多，不但造成了浪费，而且造成焊后焊点周围出现残渣，使印制电路板的绝缘性能下降，同时还可能腐蚀元器件。较合适的焊剂量是以能润湿被焊物的引线和焊盘即可。

（2）电烙铁的操作方法。

在加热时，电熔铁必须同时对连接点上的若干个被焊金属加热，如图 1-5 所示。焊接结束时，要注意电烙铁的撤离方向。因为电烙铁除了具有加热作用外，还能够控制焊料的留存量。如图 1-6 所示为电烙铁撤离方向与焊料留存量的关系。

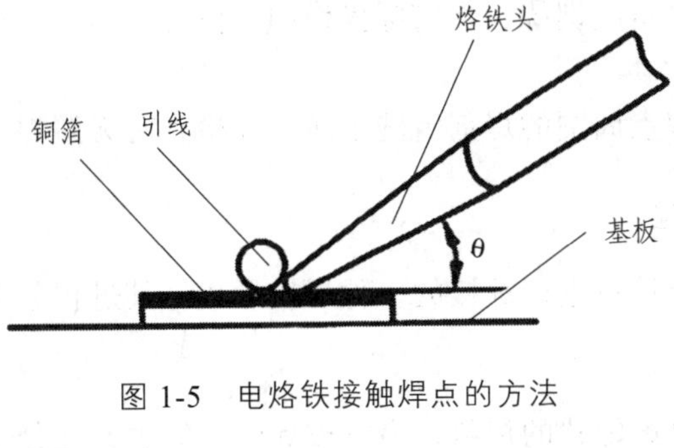

图 1-5　电烙铁接触焊点的方法

图 1-6（a）中，电烙铁以 45°的方向撤离，焊点圆滑，带走少量焊料。

图 1-6（b）中，电烙铁垂直向上撤离，焊点容易拉尖。

图 1-6（c）中，电烙铁以水平方向撤离，带走大量焊料。

图 1-6（d）中，电烙铁沿焊点向下撤离，带走大部分焊料。

图 1-6（e）中，电烙铁沿焊点向上撤离，带走少量焊料。

掌握上述撤离方向，就能控制焊料的留存量，使每个焊点符合要求。

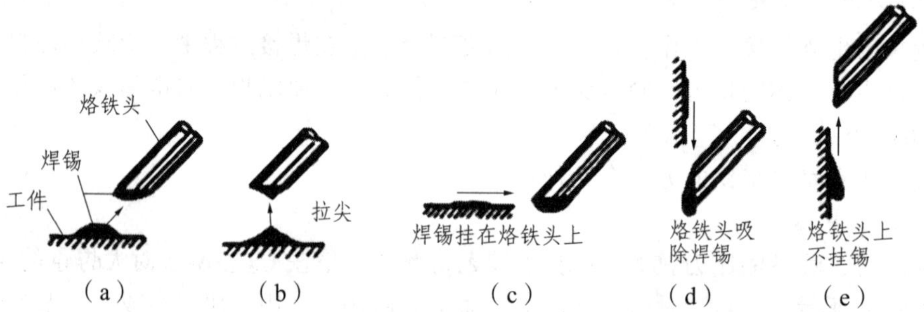

图 1-6　电烙铁的撤离方向与焊料的留存量

（3）把握好焊接的温度和时间。

焊接温度如果过低，焊锡流动性差，容易凝固，形成虚焊；锡焊温度过高，将会造成焊锡流淌，焊点不易存锡，焊剂分解速度加快，使金属表面加速氧化，容易导致印制电路板上的焊盘脱落。

对焊接时间的把握主要是根据被焊件是否完全被焊料所润湿的情况而定。通常焊点光亮、圆滑，说明烙铁头与焊点的接触时间恰当；如果焊点不亮并形成粗糙面，说明温度不够，时间太短，此时只要将烙铁头继续放在焊点上多停留些时间，便可改善焊点的粗糙程度。

掌握合适的焊接时间和温度。

掌握合适的焊接时间和温度，可以保证形成良好的焊点。温度太低，焊锡的流动性差，在焊料和被焊金属的界面难以形成合金，不能起到良好的连接作用，并会造成虚焊（假焊）的结果；温度过高，易造成元器件损坏、电路板起翘、印制板上铜箔脱落，还会加速焊剂的挥发，被焊金属表面氧化，造成焊点夹渣而形成缺陷。

焊接的温度，与电烙铁的功率、焊接的时间、环境温度有关。保证合适的焊接温度，可以通过选择电烙铁和控制焊接时间来调节。电烙铁的功率越大，产生的热量越大，温升越快；焊接时间越长，温度越高；环境温度越高，散热越慢。真正掌握焊接的最佳温度，获得最佳的焊接效果，还须进行严格的训练，在实际操作中去体会。

（4）焊接后的处理。

焊接结束后，应将焊点周围的焊剂清洗干净，并检查有无漏焊、错焊、虚焊等现象。

2. 锡焊的基本过程

锡焊是使用锡铅合金焊料进行焊接的一种焊接形式。其过程分为下列三个阶段：

1）润湿阶段（第一阶段）

该阶段是指加热后呈熔融状的焊料，沿着被焊金属的表面充分铺开，与被焊金属的表面分子充分接触的过程。为使该阶段达到预期的效果，被焊金属表面的清洁工作是不可缺少的重要环节。

2）扩散阶段（第二阶段）

在第一阶段的润湿过程中，还会伴有扩散现象，即在一定的温度下，焊料与被焊金属中的分子相互渗透的过程。扩散的结果是在两者的界面上形成合金层（又称界面层）。

3）焊点的形成阶段（第三阶段）

焊接后，焊料开始冷却。冷却时，界面层（合金层）首先以适当的合金状态开始凝固，形成金属结晶，然后结晶向未凝固的焊料方向生长，最后形成焊点。

3. 手工焊接的工艺要求

1）保持烙铁头的清洁

焊接时，烙铁头长期处于高温状态，其表面很容易氧化，这会使烙铁头的导热性能下降，影响焊接质量。因此，要随时清洁烙铁头，通常的做法是：用一块湿布或一块湿海绵擦拭烙铁头，以保证烙铁头的清洁。

2）采用正确的加热方式

加热时，应该让焊接部位均匀的受热。正确的加热方式是：根据焊接部位的形状选择不同的烙铁头，使烙铁头与焊接部位形成面的接触，而不是点的接触，这样就可以使焊接部位均匀受热，以保证焊料与焊接部位形成良好的合金层。

3）焊料、焊剂的用量要适中

焊料适中，则焊点美观、牢固；焊料过多，则浪费焊料，延长了焊接时间，并容易造成短路故障；焊料太少，焊点的机械强度降低，容易脱落。

适当的焊剂有助于焊接；焊剂过多，易出现焊点的“夹渣”现象，造成虚焊故障。若采用松香芯焊锡丝，因其自身含有松香助焊剂，所以无须再用其他的助焊剂。

4）烙铁撤离方法的选择

烙铁头撤离的时间和方法直接影响焊点的质量。当焊点上的焊料充分润湿焊接部位时，才能撤离烙铁头，且撤离的方法应根据焊接情况选择，具体如图 1-6 所示。

5）焊点的凝固过程

焊料和电烙铁撤离焊点后，被焊件应保持相对稳定，并让焊点自然冷却，严禁用嘴吹或采取其他强制性的冷却方式；避免被焊件在凝固之前，因相对移动或强制冷却而造成的虚焊现象。

6）焊点的清洗

为确保焊接质量的持久性，待焊点完全冷却后，应对残留在焊点周围的焊剂、油污及灰尘进行清洗，避免污物长时间的侵蚀焊点造成后患。

1.1.3 焊点的质量分析

1. 对焊点的质量要求

1）电气接触良好

良好的焊点应该具有可靠的电气连接性能，不允许出现虚焊、桥接等现象。

2）机械强度可靠

电子产品完成装配后，由于搬运、使用或自身信号传播等原因，或多或少的会产生振动；因此要求焊点具有可靠的机械强度，以保证使用过程中不会因正常的振动而导致焊点脱落。

3）外形美观

从焊点的外观来看，一个良好的焊点应该是明亮、清洁、平滑、焊锡量适中并呈裙状拉开，这样的焊点才是合格、美观的。

2. 焊点的常见缺陷及原因分析

1）虚焊

虚焊又称假焊，是指焊接时焊点内部没有真正形成金属合金的现象，如图 1-7（a）、（b）所示。

造成虚焊的主要原因：元器件引线或焊接面未清洁好、焊锡质量差、焊剂性能不好或用量不当、焊接温度掌握不当、焊接结束但焊锡尚未凝固时焊接元件移动等。

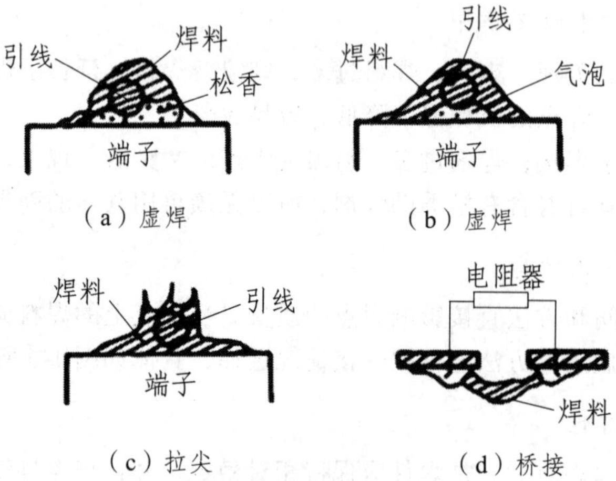

（a）虚焊　（b）虚焊　（c）拉尖　（d）桥接

图 1-7　常见的焊接缺陷

虚焊造成的后果：电路工作不正常，信号时有时无，噪声增加。虚焊点是焊接中最常见的缺陷，也是最难发现的焊接质量问题。有些虚焊点的内部开始时有少量连接部分，在电路开始工作时没有暴露出其危害，但随着时间的推移，外界温度、湿度的变化，电子产品使用时的振动等，虚焊点内部的氧化逐渐加强，连接点越来越小，最后脱落成浮置状态，导致电路工作时好时坏，最终完全不能工作。据统计数据表明，在电子产品的故障中，有将近一半是由于虚焊造成的。所以，虚焊是电路可靠性的一大隐患，必须严格避免。

2）拉尖

拉尖是指焊点表面有尖角、毛刺的现象，如图 1-7（c）所示。

造成拉尖的主要原因：烙铁头离开焊点的方向不对、电烙铁离开焊点太慢、焊料中杂质太多、焊接时的温度过低等。

拉尖造成的后果：外观不佳、易造成桥接现象；对于高压电路，有时会出现尖端放电的现象。

3）桥接

桥接是指焊锡将电路之间不应连接的地方误焊接起来的现象，如图 1-7（d）所示。

造成桥接的主要原因：焊锡用量过多、电烙铁使用不当、导线端头处理不好、自动焊接时焊料槽的温度过高或过低等。

桥接造成的后果：导致产品出现电气短路，有可能使相关电路的元器件损坏。

4）球焊

球焊是指焊点形状像球形、与印制板只有少量连接的现象。

造成球焊的主要原因：印制板面有氧化物或杂质。

球焊造成的后果：由于被焊部件只有少量连接，因而其机械强度差，略微振动就会使连接点脱落，造成断路故障。

5）印制板铜箱起翘、焊盘脱落

造成印制板铜箔起翘、焊盘脱落的主要原因：焊接时间过长、温度过高、反复焊接；或在拆焊时，焊料没有完全擦化就拔取元器件。

印制板铜箔起翘、焊盘脱落造成的后果：使电路出现断路或元器件无法安装的情况，甚至整个印制板损坏。

6）导线焊接不当

导线焊接不当，会引起电路的诸多故障。导线的芯线过长，容易使芯线碰到附近的元器件造成短路故障，如图 1-8（a）所示。

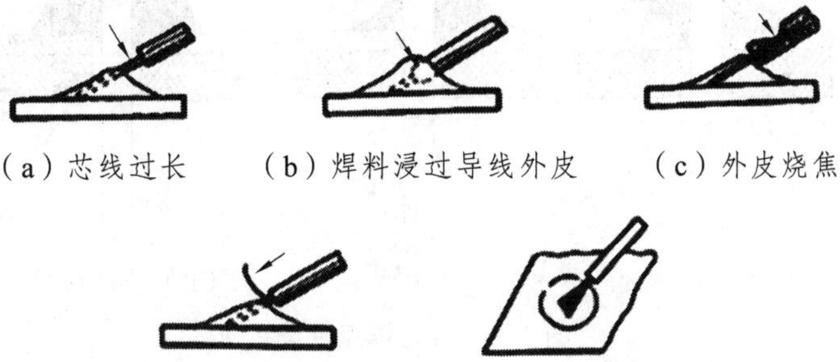

（a）芯线过长　（b）焊料浸过导线外皮　（c）外皮烧焦

（d）摔线　（e）芯线散开

图 1-8　导线的焊接缺陷

导线的芯线太短，焊接时焊料浸过导线外皮，容易造成焊点处出现空洞虚焊的现象，如图 1-8（b）所示。

导线的外皮烧焦、露出芯线的现象是由于烙铁头碰到导线外皮造成的，如图 1-8（c）所示。这种情况下，露出的芯线易碰到附近的元器件造成短路故障，且外观难看。

如图 1-8（d）所示的摔线现象和图 1-8（e）所示的芯线散开现象，是因为导线端头没有捻头、捻头散开或烙铁头压迫芯线造成的。这种情况容易使芯线碰到附近的元器件造成短路故障，或出现焊点处接触电阻增大、焊点发热的现象。

焊接结束后，要对焊点进行检查。主要通过目测检查，手触检查和通电检查三种方法来发现问题。目测检查主要是根据焊点外观要求来评价焊点，常见的焊点缺陷如图 1-9 所示。手触检查是指用手或镊子触摸、拉动元器件时，观察焊点的紧固程度，在确定外观和电路连接方面检查无误后，再通电检查，这是发现电路故障的重要手段，可检查出用目测检察手触检查发现不了的虚焊、元器件损坏等问题。

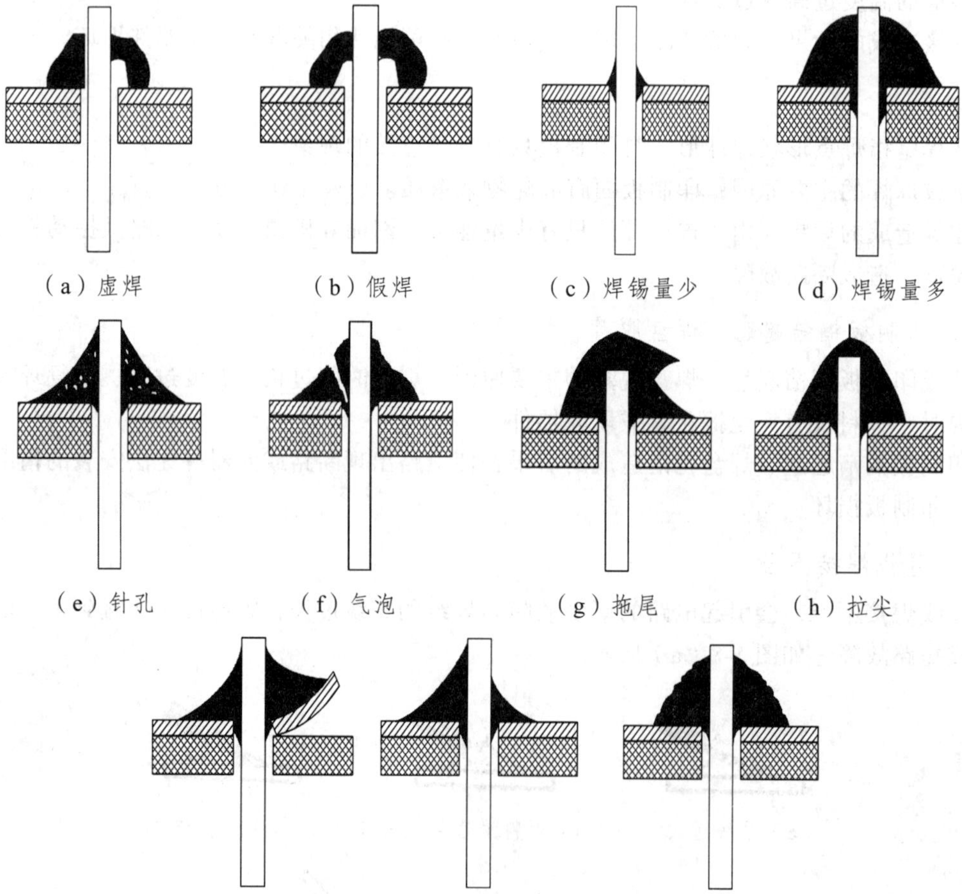

（a）虚焊　（b）假焊　（c）焊锡量少　（d）焊锡量多

（e）针孔　（f）气泡　（g）拖尾　（h）拉尖

（i）铜箔翘起　（j）偏焊　（k）结晶松散

图 1-9　常见焊点缺陷

1.1.4　拆　焊

拆焊又称解焊，它是指把元器件从原来已经焊接的安装位置上拆卸下来。当焊接出现错误、损坏或进行调试维修电子产品时，就要进行拆焊的过程。

1. 拆焊工具和材料

（1）普通电烙铁：用于加热焊点。

（2）镊子：用于夹持元器件或借助于电烙铁恢复焊孔，以端头较尖、硬度较高的不锈钢为佳。

（3）吸锡器：用于吸去熔化的焊锡，使元器件的引脚与焊盘分离。它必须借助于电烙铁才能发挥作用。

（4）吸锡电熔铁：同时具有加热和吸锡的功能，可独立完成熔化焊锡、吸去多余焊锡的任务。操作时，先用吸锡电烙铁加热焊点，等焊锡熔化后，按动吸锡按键，即可把熔化的焊锡吸掉。它是拆焊操作中使用最方便的工具，其拆焊效率高，且不伤元器件。

（5）吸锡材料：有屏蔽线编织层、细铜网等。使用时，将吸锡材料浸上松香水后，贴到待拆焊的焊点上，然后用烙铁头加热吸锡材料，通过吸锡材料将热传递到焊点上熔化焊锡，吸锡材料将焊锡吸附后，拆除吸锡材料，焊点即被拆开。

2. 拆焊方法

掌握正确的拆焊方法非常重要。如果拆焊不当，极易造成被拆焊的元器件、导线等的损坏以及焊盘的脱落。

1）分点拆焊法

当需要拆焊的元器件引脚不多，且须拆焊的焊点距其他焊点较远时，可采用分点拆焊法。这种方法是：将印制板立起来，用电烙铁加热焊点，当焊点的焊锡完全熔化时，用镊子或尖嘴钳夹住元器件引线，轻轻地把元器件拉出来。

重新焊接时，须在加热并熔化焊锡的情况下，用锥子从铜箔面将焊孔扎通，再插入元器件进行重焊。注意，这种方法不宜在一个焊点多次使用，因为印制板线路和焊盘经反复加热后，很容易脱落，造成印制板损坏。

2）集中拆焊法

当需要拆焊的焊点之间的距离很近时，可采用集中拆焊法。使用这种方法有两种情况：

（1）当需要拆焊的元件引脚不多，且焊点之间的距离很近时，可直接使用电烙铁同时快速、交替地加热被拆的几个焊点，待这几个焊点同时熔化后，一次拔出拆焊元件。如拆焊立式安装的电阻、电容、二极管或小功率三极管等。

（2）当需要拆焊的元件引脚多，且焊点之间的距离很近时，应使用吸锡工具拆焊。即用电烙铁和吸锡工具（或直接使用吸锡电烙铁），逐个将被拆元器件焊点上的焊锡吸掉，并将元器件的所有引脚与焊盘分离，即可拆下元器件。

3）断线拆焊法

当被拆焊的元器件可能需要多次更换，或已经拆焊过时，可采用断线拆焊法。这种方法是：对被拆焊的元器件，不进行加热过程，而是用斜口钳剪下元器件，但须在原印制板上留出部分引脚，以便更换新元件时连接用。

1.2 常用电工仪表与工具的使用

常用电工仪表按测量方法可分为比较式和直读式两类。比较式仪表需将被测量与标准量进行比较后才能得出被测量的数量，常用的比较式仪表有电桥、电位差计等。直读式仪表将被测量的数量由仪表指针在刻度盘上直接指示出来，常用的电流表、电压表等均属直读式仪表。直读式仪表测量过程简单、操作方便，但准确度不太高；比较式仪表的结构较复杂，造价较昂贵，测量过程也不如直读法简单，但测量的结果较直读式仪表更准确。

常用电工仪表按被测量的种类可分为电流表、电压表、功率表、频率表、相位表等。

若按电流的种类，电工仪表可分为直流、交流和交直流两用仪表。

若按工作原理，电工仪表可分为磁电式、电磁式、电动式仪表等。

若按显示方法，电工仪表可分为指针式（模拟式）和数字式。指针式仪表用指针和刻度盘指示被测量的数值；数字式仪表先将被测量的模拟量转化为数字量，然后用数字显示被测量的数值。

电工仪表按准确度可分为 0.1、0.2、0.5、1.0、1.5、2.5 和 5.0 共 7 个等级。

1.2.1 万用表

万用表是电工电子专业中使用最频繁的测量仪表之一，万用表可以分为指针式万用表与数字式万用表，如图 1-10 所示。

1. 万用表测量功能

（1）直流电流的测量。转换开关置于直流电流挡，被测电流从+、－两端接入，便构成直流电流测量电路。可以通过改变转换开关的挡位来改变测量电流的量程。

（a）指针式万用表

（b）数字式万用表

图 1-10 万用表

（2）直流电压的测量。转换开关置于直流电压挡，被测电压接在+、－两端，便构成直流电压测量电路。同样可以改变转换开关的挡位来改变倍压电阻，从而达到改变电压量程的目的。

（3）交流电压的测量。转换开关置于交流电压挡，被测交流电压接在+、－两端，便构成交流电压测量电路。表盘刻度反映地是交流电压的有效值。电压量程的改变与测量直流电压时相同。

（4）电阻的测量。转换开关置于电阻挡，被测电阻接在+、－两端，便构成电阻测量电路。电阻自身不带电源，因此接入表内电池 E。电阻挡的刻度与电流、电压的刻度方向相反，且标度尺的分度是不均匀的。

2. 指针式万用表使用方法

（1）红表笔插入“+”极，黑表笔插入“－”极。

使用前必须把测量范围的选择开关旋到与被测电量相应的挡位和量程上，并注意插孔（或接线柱）的选择。

（2）测量电阻前，除测量范围的选择开关旋到相应的电阻挡外，还应将表笔短接，进行电气调零。在电路中测电阻时，一般应将该电阻与电路断开，严禁在电阻通电时，用万用表测量电阻。

（3）测量电压时，决不允许把量程范围的选择开关旋到电流或电阻挡位，否则电表将被损坏。

（4）万用表使用完毕后，一般应把转换开关旋到交流电压的最大量程挡，或旋至“OFF”挡。

3. 数字式万用表使用方法

数字式万用表以数字显示被测量值，因而消除了视差和减少了人为误差。数字式万用表的精确度和灵敏度都比指针式万用表高。

（1）先用选择开关选择被测量的项目及其量程。

（2）输入插孔“COM”为公用插孔，其他插孔按被测量项目选择。

（3）电源开关扳向“ON”为开，此时屏上即有显示。

4. 万用表使用注意事项

（1）测电压、电流时，如开始测量前无法估计合适量程，则应先用万用表的最高量程进行粗测，然后再改换到合适量程进行测量。

（2）测量电阻时，需表内电池提供电源，这时黑表笔接内部电池正极，红表笔接内部电池负极。

（3）测直流电压时，红表笔接电源正，黑表笔接电源负，不能反接。

（4）测直流电流时，应断开被测电路，红表笔接电流入，黑表笔接电流出。

1.2.2 兆欧表

有时要求对众多的电力设备如电缆、电机、发电机、变压器、互感器、高压开关、避雷器等进行绝缘性能试验，就需要用到兆欧表。兆欧表俗称摇表，是测量绝缘体电阻的专用仪表，主要由磁电式流比计与手摇直流发电机组成。

兆欧表的接线端钮有 3 个，分别标有“G（屏）”“L（线）”“E（地）”。被测的电阻接在 L 和 E 之间，G 端的作用是为了消除表壳表面 L、E 两端间的漏电和被测绝缘物表面漏电的影响。在进行一般测量时，把被测绝缘物接在 L、E 之间即可，但测量表面不干净或潮湿的对象时，为了准确地测出绝缘材料内部的绝缘电阻，就必须使用 G 端。

兆欧表使用注意事项：

（1）测量电气设备的绝缘电阻，必须先切断电源，遇到有电容性质的设备，例如电缆等，线路必须先进行放电。

（2）兆欧表使用时，必须平放。

（3）兆欧表在使用之前应先进行开路实验，看看指针是否指在起始处，然后再将“L”和“E”两个接线柱短路，慢慢地转动兆欧表，查看指针是否指在“0”处。

（4）兆欧表引线必须绝缘良好，线不要绞在一起。

（5）兆欧表进行测量时，以转动 1 min 后的读数为准。

（6）在测量时，应使兆欧表转数达到 120 r/min。

（7）兆欧表的量限往往达几千兆欧。最小刻度在 1 兆欧左右，因而不适合测量 100 kΩ以下的电阻。

1.2.3　钳形电流表

钳形电流表携带方便，在测量交流大电流时，无须断开电源和线路即可直接测量运行中电气设备的工作电流，以便及时了解设备的工作状况，十分方便。钳形电流表如图 1-11 所示。

使用钳形电流表应注意以下问题：

（1）测量前应先估计被测电流的大小，选择合适量程。若无法估计，为防止损坏钳形电流表，应从最大量程开始测量，逐步变换挡位直至量程合适。改变量程时应将钳形电流表的钳口断开。

（2）为减小误差，测量时被测导线应尽量位于钳口的中央。

（3）测量时，钳形电流表的钳口应紧密接合，若指针抖晃，可重新开闭一次钳口，如果抖晃仍然存在，应仔细检查，注意清除钳口杂物、污垢，然后进行测量。

（4）测量小电流时，为使读数更准确，在条件允许时，可将被测载流导线绕数圈后放入钳口进行测量。此时被测导线实际电流值应等于仪表读数值除以放入钳口的导线圈数。

（5）测量结束，应将量程开关置于最高挡位，以防下次使用时由于疏忽未选准量程进行测量而损坏仪表。

图 1-11　钳形电流表

1.2.4　接地电阻测试仪

接地电阻测试仪，是用于建筑物防雷接地电阻、电源重复接地的接地电阻、保护接地的接地电阻等的测量的仪器。

测量前，将被测的接地体与接地线断开，仪表水平摆放，使指针位于中心线的零位上，并合理选择倍率层上的倍率；测量时，转动摇把逐渐加速，在升速过程中随时调整指示盘，当摇把转速达到 120 r/min 时，指针平稳指零后，停止转动调节，这时倍率盘倍数乘以指示盘读数，即为接地电阻阻值。

接地电阻测试仪使用的注意事项：

（1）将仪表放置水平位置，检查检流计的指针是否在中心线上，否则应用零位调整器将其调整于中心线上。

（2）将“倍率标度”置于最大倍数，慢慢转动发电机的摇把，同时转动“测量标度盘”使检流计的指针指于中心线上。

（3）当检流计的指针接近平衡时，加快发电机摇把的转速，使其达到 120 r/min 以上，同时调整“测量标度盘”使指针指于中心线上。

（4）如“测量标度盘”的读数小于 1 时，应将倍率置于较小的倍数，再重新调整“测量标度盘”以得到更精确的读数。

（5）在填写接地电阻测试记录时，应附以电阻测试点的平面图，并对测试点进行顺序编号。

（6）接地线路要与被保护设备断开，以保证测量结果的准确性。

（7）下雨后，土壤吸收水分太多，以及气候、温度、压力等急剧变化时均不宜测量。

（8）被测地极附近不能有杂散电流和已极化的土壤。

（9）探测针应远离地下水管、电缆、铁路等较大金属体，其中电流极应远离 10 m 以上，电压极应远离 50 m 以上。

（10）注意电流极插入土壤的位置，应使接地棒处于零电位的状态。

（11）连接线应使用绝缘良好的导线，以免发生漏电现象。

（12）宜选择土壤电阻率大的时候进行测试，如初冬或夏季干燥季节时。

（13）用接地电阻测试仪测量接地电阻，要把电压和电流探测针与接地极排成一条直线。

1.2.5　功率表

1. 功率表的结构及原理

由功率定义可知，直流电路的功率 $P = UI$，交流电路的功率 $P = UI\cos\theta$。因此，要测量功率，就必须反映电压、电流及功率因数的乘积，电动式仪表的定圈和动圈能满足这个要求，因此，功率表大多采用电动系测量机构。

功率表的结构电路如图 1-12 所示，一组电流线圈为固定，用一个圆加一条水平粗实线表示，如图 1-12 中 1 所示；另一组中接一个附加电阻 R_d 后为电压线圈，是可动的，用一条垂直的细实线来表示，如图 1-12 中 2 所示。可动线圈所受转动力矩的大小与两线圈中电流的乘积成正比，而固定线圈中的电流与负载上的电压成正比，因此，可动线圈的转动力矩 M 与负载中的电流 I 及其两端电压 U 的乘积成正比。在直流电路中，M 与 P 成正比，功率表指针偏转角可直接指示电功率的大小。在测交流功率时，电压线圈中的电流由于 R_d 较大的原因，电压与电流相位相同，电流线圈中的电流受负载影响而与电压存在一个相位差 θ，因此，功率表指针的偏转角也就指示了交流电功率 $P = UI\cos\theta$，所以，电动式功率表既可测量直流功率，又可测量交流功率。

单相功率表的接线如图 1-13 所示。电压和电流各有一个接线端上标有“*”或“－”的极性符号。对于单相功率表的电压“*”端，可以和电流“*”端接在一起，也可以和电流无“*”端连在一起。前者称为前接法，适用于负载电阻远比功率表电流线圈电阻大得多的情况；后者称为后接法，适用于负载电阻远比功率表电压支路电阻小得多的情况。在这两种情况下，若功率表电压支路中的电流可忽略不计，则可提高测量准确度。

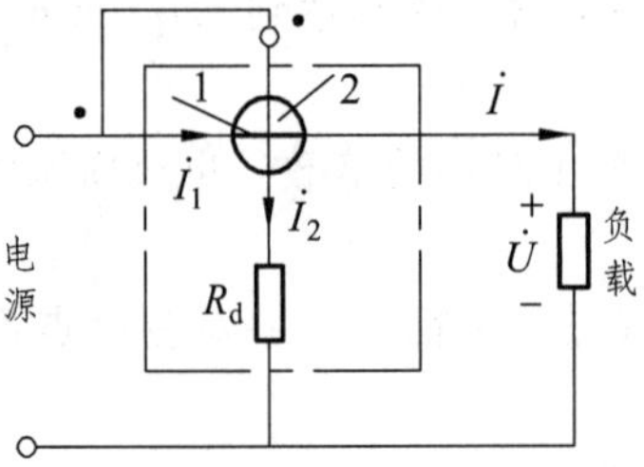

图 1-12　电动式功率表的原理线路图

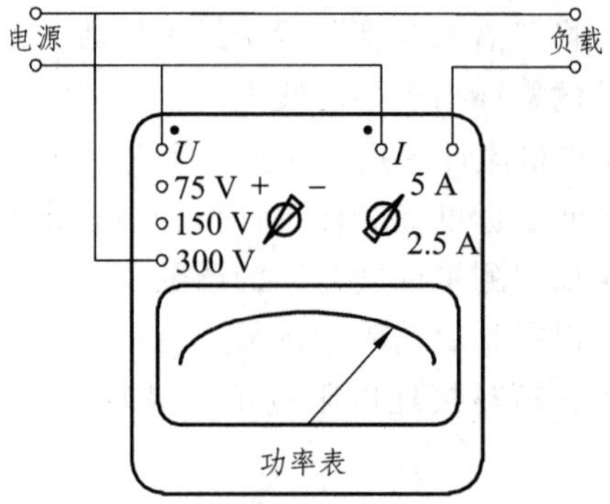

图 1-13　单相功率表接线方法

2. 三相功率的测量

三相功率的测量，大多采用单相功率表，也有的采用三相功率表。其测量方法有一表法、二表法、三表法和直接三相功率表法四种。

（1）一表法适用于星形连接和三角形连接的对称三相电路，如图 1-14 所示。表中读数为单相功率 P_1，由于三相功率相等，因此，三相功率为单相功率的 3 倍，即 $P=3P_1$。

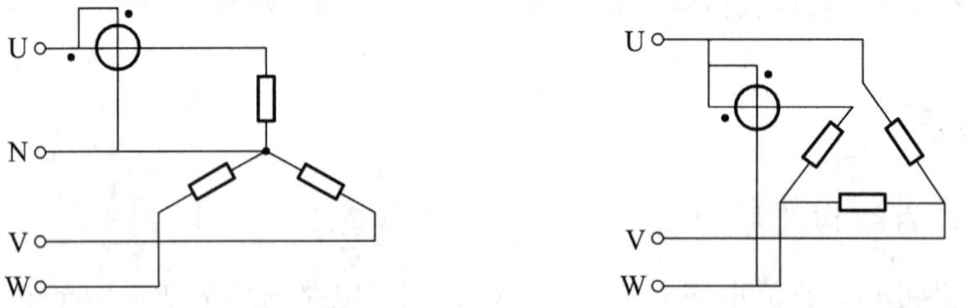

（a）三相负载星形连接　　（b）三相负载三角形连接

图 1-14　一表法测三相功率

（2）二表法适用于负载星形连接或三角形连接的三相三线制系统功率的测量。其接线如图 1-15 所示。三相功率 P 等于两表中的读数之和。

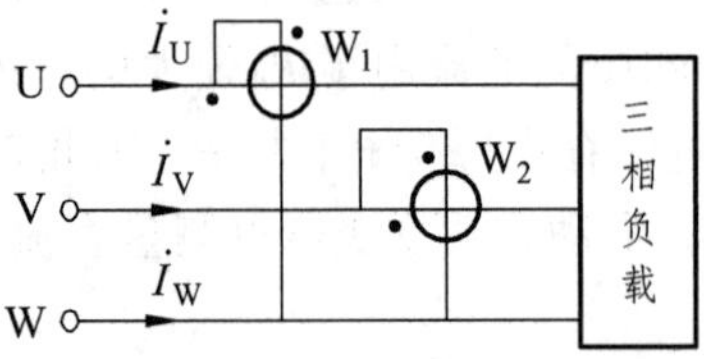

图 1-15　二表法测三相功率

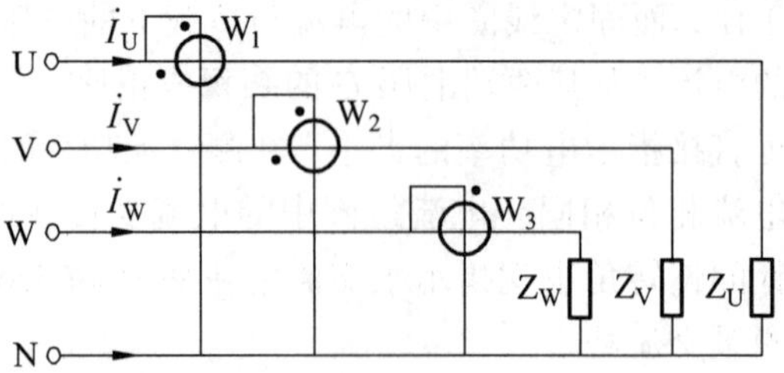

图 1-16　三表法测三相功率

（3）三表法适用于三相四线制负载对称和不对称系统的三相功率测量。接线方式如图 1-16 所示。三相功率 P 等于各相功率表读数之和。

（4）直接三相功率表法适用于三相三线制电路。它是将三相功率表直接接在三相电路中测量三相功率，功率表中的读数即为三相功率 P，接线方式如图 1-17 所示。

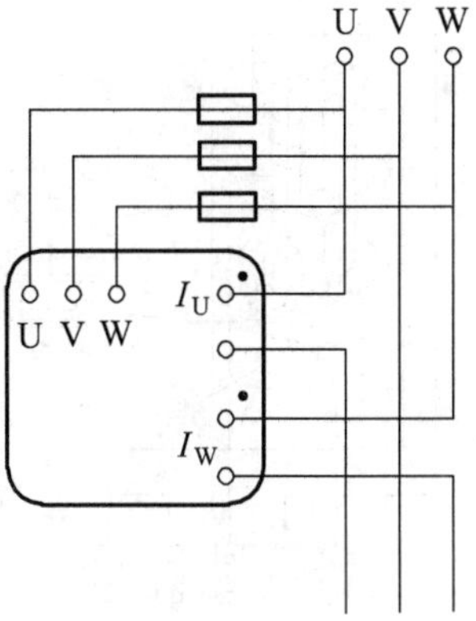

图 1-17　三相功率表接线

3. 功率表的读数

功率表的标度标尺只标有分格数，而并不标明瓦数，这是由于功率表一般是多量限的，在选用不同的电流量限和电压量限时，每一分格都代表不同的瓦数。把每一分格所代表的瓦数称为功率表的分格常数。在测量时读了功率表的偏转格数后，乘上功率表相应的分格常数，就等于被测功率的数值，即

$$P = Ca$$

式中，P 为被测功率的瓦数（W）；C 为功率表分格常数（W/div，div 代表“格”）；a 为指针偏转的格数。

$$C = U_m I_m / a_m \text{（瓦/格）}$$

式中，U_m 为所使用功率表电压量程值；I_m 为所使用功率表的电流量程值；a_m 为功率表标度尺满刻度的格数。

低功率因数功率表用来测量功率因数比较低的交流电路中的功率，也可用来测量交直流电路中的小功率。

1.2.6　电度表

1. 电度表的分类

电度表用于计量耗电量，也叫电能表。根据电度表的工作原理不同可分为感应式、电动式和磁电式三种，按测量功率性质分为有功电能表，无功电度表；根据测量准确度可分为 3.0 级、2.0 级、1.0 级、0.5 级、0.1 级等；根据电度表接入电源相数不同可分为单相电度表和三相电度表。

2. 单相交流感应式有功电度表的结构及接线方式

单相交流感应式电度表的结构如图 1-18（a）所示，它的主要组成部分有电压线圈、电流线圈、铝盘、制动磁铁、计数机构、接线端钮等。工作时，当电压线圈和电流线圈通过交变电流时，就有交变的磁通穿过转盘（铝盘），在转盘上产生感应涡流，这些涡流与交变的磁通互相作用产生电磁力，从而使铝盘转动，如图 1-18（b）、（c）所示。计数机构通过齿轮比，把电度表铝盘的转数变为与之对应的电能指示值。铝盘转动后，涡流与制动磁铁的磁感线相切割，受一反向的磁场力作用，从而产生制动力矩，致使铝盘以某一速度匀速旋转，其转速与负载功率的大小成正比。

单相交流电度表有四个接线柱，从左到右按 1、2、3、4 编号，有两种接线方式，一种是跳入式，按号码 1、3 接电源进线，2、4 接出线（负载线路），如图 1-19（a）所示；另一种是顺入式接线方式，按号码 1、2 接电源进线，3、4 接出线，如图 1-19（b）所示。

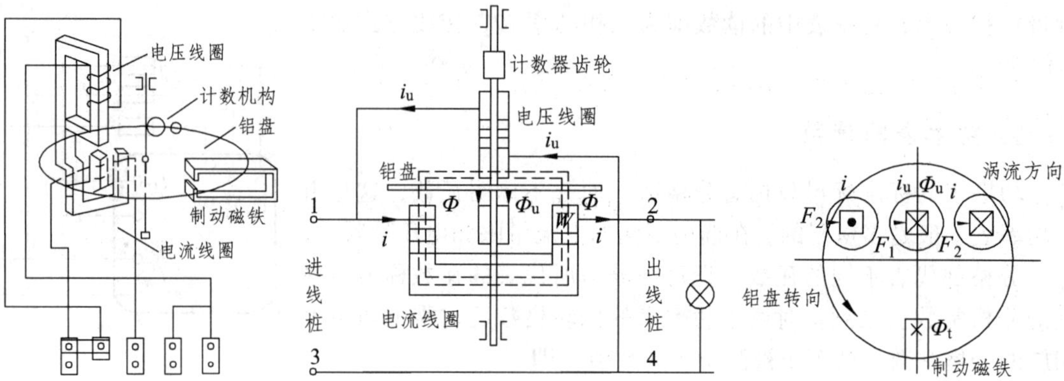

（a）结构　　（b）工作原理图　　（c）转动原理图

图 1-18　单相交流感应式电度表

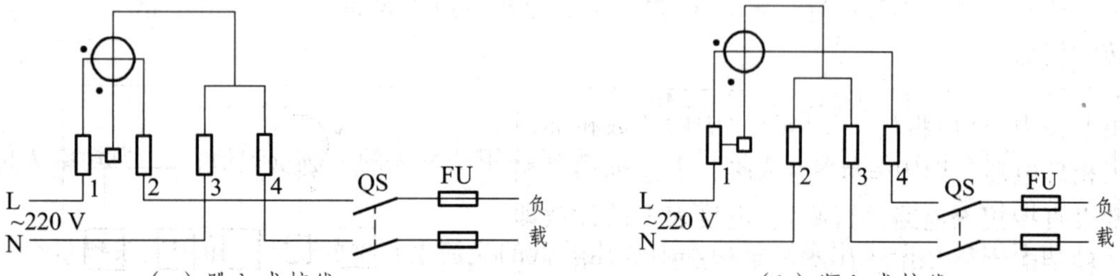

（a）跳入式接线　　（b）顺入式接线

图 1-19　单相交流电度接线方式

3. 三相交流电度表的结构及接线方式

三相交流电度表的结构与单相交流电度表相似，它是把两套或三套单相电度表机构套装在同一轴上组成，只用一个“积算”机构。由两套组成的称为两元件电度表，由三套组成的称为三元件电度表。前者一般用于三相三线制电路，后者可用于三相三线制及三相四线制电路，如图 1-20 所示。

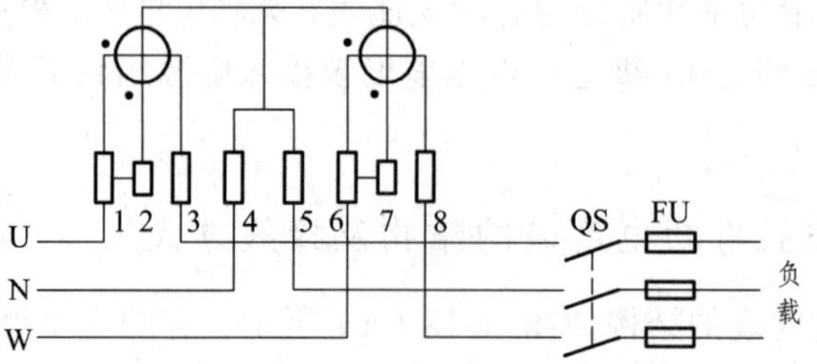

（a）三相三线电度表直接式接线

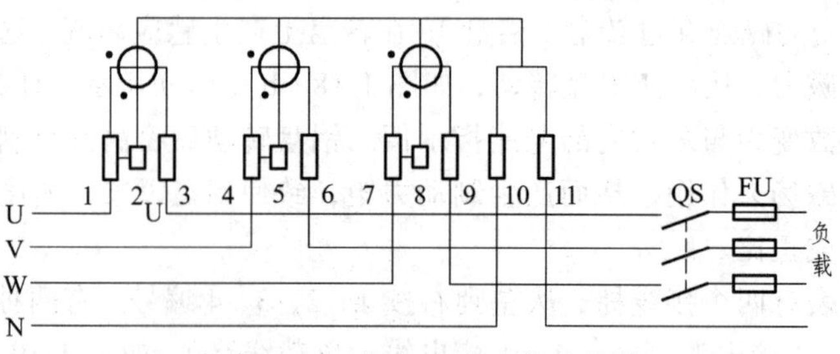

（b）三相四线电度表直接式接线

图 1-20　三相电度表接线

4. 电能测量

电能的组成包括有功电能和无功电能两部分。有功电能可用有功电度表进行测量，无功电能可用无功电度表进行测量。通常人们测量的是有功电能。

（1）单相有功电能的测量可用单相有功电度表进行测量。当线路电流不太大时（在电度负载表允许工作电流范围内），可采用直接接入法，即把单相电度表直接接入电路进行测量；当线路电流较大，超过了电度表允许工作电流时，则电度表必须经过电流互感器间接接入电路，如图 1-21 所示。此时，电度表实际测量电能量为

$$W = W_1 K$$

式中，K 为电流互感器的变比，W_1 为电度表上数。

（2）三相有功电能的测量。在三相四线制系统中，若三相负载对称，则可用一只单相电度表测量任一相电能，然后乘以 3 即得三相总电能，即 $W = 3W_1$。若三相负载不对称，测量方法有两种:一是利用三个单相电度表，分别接于三相电路中,然后将这三个电度表中的读数相加即得三相总电能，即 $W = W_1+W_2+W_3$；二是利用三相电度表直接接入电路进行测量,电度表上的读数即为三相总电能。当电路中的电流太大时，三相电度表必须经电流互感器接入电路进行测量。当电路中电流和电压都较大时,则电度表必须经过电流互感器及电压互感器接入电路进行测量。

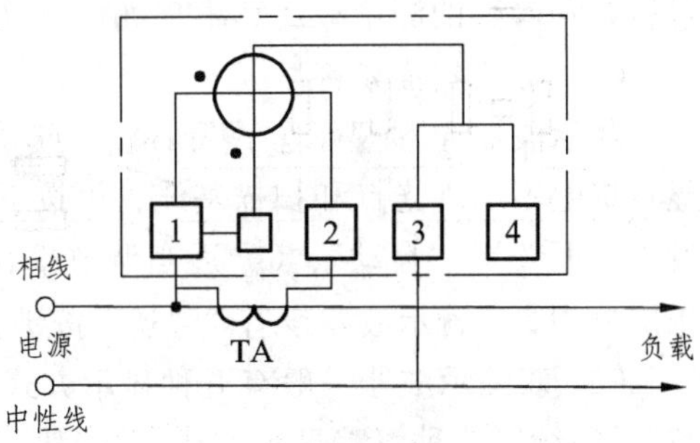

图 1-21　电度表间接式接线

1.2.7　常用电子仪器的使用

1. 实验目的

（1）学习电子电路实验中常用的电子仪器——示波器、函数信号发生器、直流稳压电源、交流毫伏表、频率计等的主要技术指标、性能及正确使用方法。

（2）初步掌握用双踪示波器观察正弦信号波形和读取波形参数的方法。

2. 实验原理

在模拟电子电路实验中，经常使用的电子仪器有示波器、函数信号发生器、直流稳压电源、交流毫伏表及频率计等。它们和万用电表一起，可以完成对模拟电子电路的静态和动态工作情况的测试。

实验中要对各种电子仪器进行综合使用，可按照信号流向，以连线简捷、调节顺手、观察与读数方便等原则进行合理布局，各仪器与被测实验装置之间的布局与连线如图 1-22 所示。接线时应注意，为防止外界干扰，各仪器的公共接地端应连接在一起，称为共地。信号源和交流毫伏表的引线通常用屏蔽线或专用电缆线，示波器接线使用专用电缆线，直流电源的接线用普通导线。

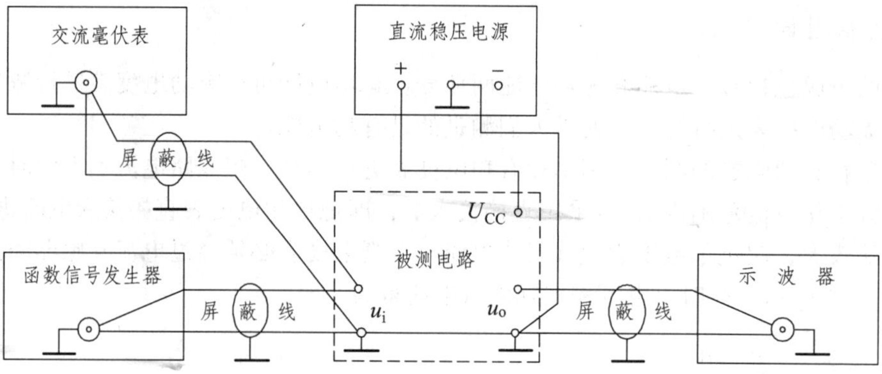

图 1-22 模拟电子电路中常用电子仪器布局图

1）示波器

示波器是一种用途很广的电子测量仪器，它既能直接显示电信号的波形，又能对电信号进行各种参数的测量。注意事项如以下几点：

（1）寻找扫描光迹。

将示波器 Y 轴显示方式置“Y_1”或“Y_2”，输入耦合方式置“GND”，开机预热后，若在显示屏上不出现光点和扫描基线，可按下列操作找到扫描线：① 适当调节亮度旋钮；② 触发方式开关置“自动”；③ 适当调节垂直（⇅）、水平（⇄）“位移”旋钮，使扫描光迹位于屏幕中央（若示波器设有“寻迹”按键，可按下“寻迹”按键，判断光迹偏移基线的方向）。

（2）双踪示波器一般有五种显示方式，即“Y_1”“Y_2”“$Y_1 + Y_2$”三种单踪显示方式和“交替”“断续”二种双踪显示方式。“交替”显示一般适宜于输入信号频率较高时使用，“断续”显示一般适宜于输入信号频率较低时使用。

（3）为了显示稳定的被测信号波形，“触发源选择”开关一般选为“内”触发，使扫描触发信号取自示波器内部的 Y 通道。

（4）触发方式开关通常先置于“自动”调出波形后，若被显示的波形不稳定，可置触发方式开关于“常态”，通过调节“触发电平”旋钮找到合适的触发电压，使被测试的波形稳定地显示在示波器屏幕上。

有时，由于选择了较慢的扫描速率，显示屏上将会出现闪烁的光迹，但被测信号的波形不在 X 轴方向左右移动，这样的现象仍属于稳定显示。

（5）适当调节“扫描速率”开关及“Y 轴灵敏度”开关使屏幕上显示 1 ~ 2 个周期的被测信号波形。在测量幅值时，应注意将“Y 轴灵敏度微调”旋钮置于“校准”位置，即顺时针旋到底，且听到关的声音。在测量周期时，应注意将“X 轴扫速微调”旋钮置于“校准”位置，即顺时针旋到底，且听到关的声音。还要注意“扩展”旋钮的位置。

根据被测波形在屏幕坐标垂直方向刻度所占的格数（div 或 cm）与“Y 轴灵敏度”开关指示值（V/div）的乘积，即可算得信号幅值的实测值。

根据被测信号波形一个周期在屏幕坐标水平方向刻度所占的格数（div 或 cm）与“扫速”开关指示值（t/div）的乘积，即可算得信号频率的实测值。

2）函数信号发生器

函数信号发生器按需要输出正弦波、方波、三角波三种信号波形。输出电压最大可达 20 $V_{P\text{-}P}$。通过输出衰减开关和输出幅度调节旋钮，可使输出电压在毫伏级到伏级范围内连续调节。函数信号发生器的输出信号频率可以通过频率分挡开关进行调节。

函数信号发生器作为信号源，它的输出端不允许短路。

3）交流毫伏表

交流毫伏表只能在其工作频率范围之内，用来测量正弦交流电压的有效值。为了防止过载而损坏，测量前一般先把量程开关置于量程较大位置上，然后在测量中逐挡减小量程。

3. 实验设备与器件

（1）函数信号发生器；

（2）双踪示波器；

（3）交流毫伏表。

4. 实验内容

1）用机内校正信号对示波器进行自检

（1）扫描基线调节。

将示波器的显示方式开关置于“单踪”显示（Y_1 或 Y_2），输入耦合方式开关置“GND”，触发方式开关置于“自动”。开启电源开关后，调节“辉度”“聚焦”“辅助聚焦”等旋钮，使荧光屏上显示一条细而且亮度适中的扫描基线。然后调节“X 轴位移”（⇄）和“Y 轴位移”（⇅）旋钮，使扫描线位于屏幕中央，并且能上下左右移动自如。

（2）测试“校正信号”波形的幅度、频率。

将示波器的“校正信号”通过专用电缆线引入选定的 Y 通道（Y_1 或 Y_2），将 Y 轴输入耦合方式开关置于“AC”或“DC”，触发源选择开关置“内”，内触发源选择开关置“Y_1”或“Y_2”。调节 X 轴“扫描速率”开关（t/div）和 Y 轴“输入灵敏度”开关（V/div），使示波器显示屏上显示出一个或数个周期稳定的方波波形。

① 校准“校正信号”幅度。

将“Y 轴灵敏度微调”旋钮置“校准”位置，“Y 轴灵敏度”开关置适当位置，读取校正信号幅度，记入表 1-2 中。

表 1-2 读取校正信号参数

参数类型	标 准 值	实 测 值
幅度 Up-p（V）		
频率 f（kHz）		
上升沿时间（μS）		
下降沿时间（μS）		

注：不同型号示波器标准值有所不同，请按所使用示波器将标准值填入表格中。

② 校准“校正信号”频率。

将“扫速微调”旋钮置“校准”位置，“扫速”开关置适当位置，读取校正信号周期，记入表 1-1 中。

③ 测量“校正信号”的上升沿时间和下降沿时间。

调节“Y 轴灵敏度”开关及微调旋钮，并移动波形，使方波波形在垂直方向上正好位于中心轴上，且上、下对称，便于阅读。通过扫速开关逐级提高扫描速度，使波形在 X 轴方向扩展（必要时可以利用“扫速扩展”开关将波形再扩展 10 倍），并同时调节触发电平旋钮，从显示屏上清楚的读出上升沿时间和下降沿时间，记入表 1-1 中。

2）用示波器和交流毫伏表测量信号参数

调节函数信号发生器有关旋钮，使输出频率分别为 100 Hz、1 kHz、10 kHz、100 kHz，有效值均为 1 V（交流毫伏表测量值）的正弦波信号。

改变示波器“扫速”开关及“Y 轴灵敏度”开关等位置， 测量信号源输出电压频率及峰峰值，记入表 1-3。

表 1-3　测量信号源参数

信号电压频率	示波器测量值		信号电压毫伏表读数（V）	示波器测量值	
	周期（ms）	频率（Hz）		峰峰值（V）	有效值（V）
100 Hz					
1 kHz					
10 kHz					
100 kHz					

3）测量两波形间相位差

（1）观察双踪显示波形“交替”与“断续”两种显示方式的特点。

Y_1、Y_2 均不加输入信号，输入耦合方式置“GND”，扫速开关置扫速较低挡位（如 0.5 s/div 挡）和扫速较高挡位（如 5 μS/div 挡），把显示方式开关分别置“交替”和“断续”位置，观察两条扫描基线的显示特点，并记录。

（2）用双踪显示测量两波形间相位差。

① 按图 1-23 连接实验电路，将函数信号发生器的输出电压调至频率为 1 kHz，幅值为 2 V 的正弦波，经 *RC* 移相网络获得频率相同但相位不同的两路信号 u_i 和 u_R，分别加到双踪示波器的 Y_1 和 Y_2 输入端。

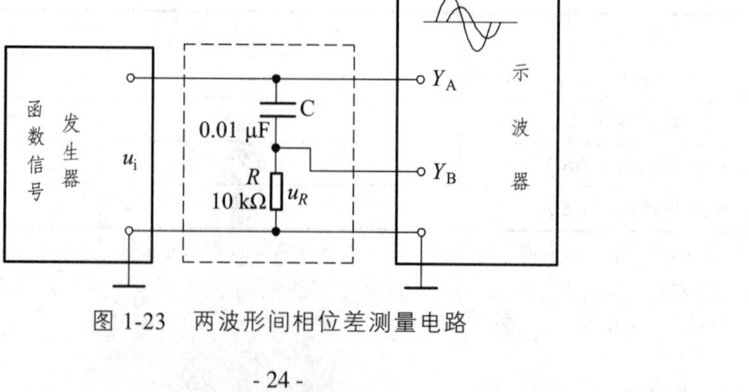

图 1-23　两波形间相位差测量电路

为便于稳定波形，比较两波形相位差，应使内触发信号取自被设定作为测量基准的一路信号。

② 把显示方式开关置“交替”挡位，将 Y_1 和 Y_2 输入耦合方式开关置“⊥”挡位，调节 Y_1、Y_2 的垂直（⇅）移位旋钮，使两条扫描基线重合。

③ 将 Y_1、Y_2 输入耦合方式开关置“AC”挡位，调节触发电平、扫速开关及 Y_1、Y_2 灵敏度开关位置，使在荧屏上显示出易于观察的两个相位不同的正弦波形 u_i 及 u_R，如图 1-24 所示。根据两波形在水平方向差距 X，及信号周期 X_T，则可求得两波形相位差。

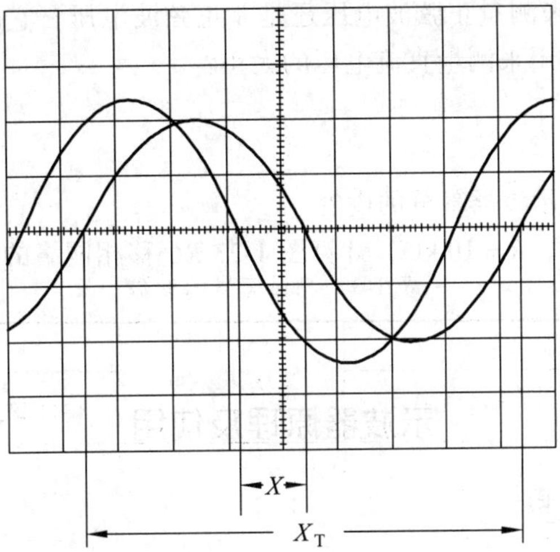

图 1-24　双踪示波器显示两相位不同的正弦波

$$\theta = \frac{X(\mathrm{div})}{X_T(\mathrm{div})} \times 360^\circ$$

式中　X_T——周期所占格数；

X——两波形在 X 轴方向差距格数。

记录两波形相位差于表 1-4 中。

表 1-4　测量两波形间相位差

1 个周期格数	两波形 X 轴差距格数	相位差	
		实测值	计算值
$X_T=$	$X=$	$\theta_1=$	$\theta_2=$

为读数和计算方便，可适当调节扫速开关及微调旋钮，使波形 1 个周期占整数格。

5. 实验总结

（1）整理实验数据，并进行分析。

（2）问题讨论。

① 如何操纵示波器有关旋钮，以便从示波器显示屏上观察到稳定、清晰的波形？

② 用双踪-示波器显示波形并要求比较相位时，为在显示屏上得到稳定波形，应怎样选

择下列开关的位置？

a. 显示方式选择（Y_1，Y_2，$Y_1 + Y_2$，交替，断续）；

b. 触发方式（常态，自动）；

c. 触发源选择（内，外）；

d. 内触发源选择（Y_1，Y_2，交替）。

③ 函数信号发生器有哪几种输出波形？它的输出端能否短接，如用屏蔽线作为输出引线，则屏蔽层一端应该接在哪个接线柱上？

④ 交流毫伏表是用来测量正弦波电压还是非正弦波电压？它的表头指示值是被测信号的什么数值？它是否可以用来测量直流电压的大小？

6. 预习要求

（1）阅读实验中有关示波器部分的内容。

（2）已知 $C = 0.01\ \mu F$、$R = 10\ k\Omega$，计算图 1-23 RC 移相网络的阻抗角 θ。

***知识拓展**

示波器原理及使用

一、示波器的基本结构

示波器的种类很多，但它们都包含下列基本组成部分，如图 1-25 所示。

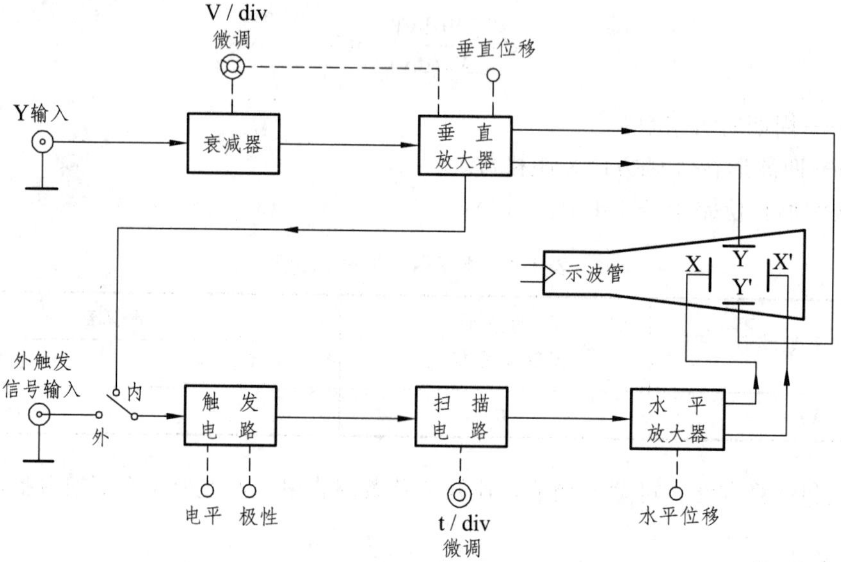

图 1-25 示波器的基本结构框图

1. 主机

主机包括示波管及其所需的各种直流供电电路，在面板上有辉度、聚焦、水平移位、垂直移位等控制旋钮。

2. 垂直通道

垂直通道主要用来控制电子束按被测信号的幅值大小在垂直方向上的偏移，它包括 Y 轴衰减器，Y 轴放大器和配用的高频探头。通常示波管的偏转灵敏度比较低，因此在一般情况下，被测信号往往需要通过 Y 轴放大器放大后加到垂直偏转板上，才能在屏幕上显示出一定幅度的波形。Y 轴放大器的作用是提高了示波管 Y 轴偏转灵敏度。为了保证 Y 轴放大不失真，加到 Y 轴放大器的信号不宜太大，但是实际的被测信号幅度往往在很大范围内变化，此 Y 轴放大器前还必须加一 Y 轴衰减器，以适应观察不同幅度的被测信号。示波器面板上设有“Y 轴衰减器”（通常称“Y 轴灵敏度选择”开关）和“Y 轴增益微调”旋钮，分别调节 Y 轴衰减器的衰减量和 Y 轴放大器的增益。

对 Y 轴放大器的要求是：增益大，频响好，输入阻抗高。为了避免杂散信号的干扰，被测信号一般都通过同轴电缆或带有探头的同轴电缆加到示波器 Y 轴输入端。但必须注意，被测信号通过探头幅值将衰减（或不衰减），其衰减比为 10∶1 或 1∶1。

3. 水平通道

水平通道主要是控制电子束按时间值在水平方向上偏移，主要由扫描发生器、水平放大器、触发电路组成。

1）扫描发生器

扫描发生器又叫锯齿波发生器，用来产生可调节频率宽度的锯齿波，作为 X 轴偏转板的扫描电压。锯齿波的频率（或周期）调节是由“扫描速率选择”开关和“扫速微调”旋钮控制的。使用时，调节“扫速选择”开关和“扫速微调”旋钮，使其扫描周期为被测信号周期的整数倍，保证屏幕上显示稳定的波形。

2）水平放大器

其作用与垂直放大器一样，将扫描发生器产生的锯齿波放大到 X 轴偏转板所需的数值。

3）触发电路

用于产生触发信号以实现触发扫描的电路。为了扩展示波器应用范围，一般示波器上都设有触发源控制开关、触发电平、极性控制旋钮和触发方式选择开关等。

二、示波器的二踪显示

1. 二踪显示原理

示波器的二踪显示是依靠电子开关的控制作用来实现的。电子开关由“显示方式”开关控制，共有五种工作状态，即 Y_1、Y_2、Y_1+Y_2、交替、断续。当开关置于“交替”或“断续”位置时，荧光屏上便可同时显示两个波形。当开关置于“交替”位置时，电子开关的转换频率受扫描系统控制，工作过程如图 1-26 所示。即电子开关首先接通 Y_2 通道，进行第一次扫描，显示由 Y_2 通道送入的被测信号的波形；然后电子开关接通 Y_1 通道，进行第二次扫描，显示由 Y_1 通道送入的被测信号的波形；接着再接通 Y_2 通道……这样便轮流地对 Y_2 和 Y_1 两通道送入的信号进行扫描、显示，由于电子开关转换速度较快，每次扫描的回扫线在荧光屏上又不显示出来，借助于荧光屏的余晖作用和人眼的视觉暂留特性，使用者便能在荧光屏上同时观察到两个清晰的波形。这种工作方式适宜于观察频率较高的输入信号场合。

当开关置于“断续”位置时，相当于将一次扫描分成许多个相等的时间间隔。在第一次扫描的第一个时间间隔内显示 Y_2 信号波形的某一段，在第二个时间时隔内显示 Y_1 信号波形的某一段，以后各个时间间隔轮流地显示 Y_2、Y_1 两信号波形的其余段，经过若干次断续转换，使荧光屏上显示出两个由光点组成的完整波形，如图 1-27（a）所示。由于转换的频率很高，光点靠得很近，其间隙用肉眼几乎分辨不出来，再利用消隐的方法使两通道间转换过程的过渡线不显示出来，如图 1-27（b）所示，因而同样可达到同时清晰地显示两个波形的目的。这种工作方式适合于输入信号频率较低时使用。

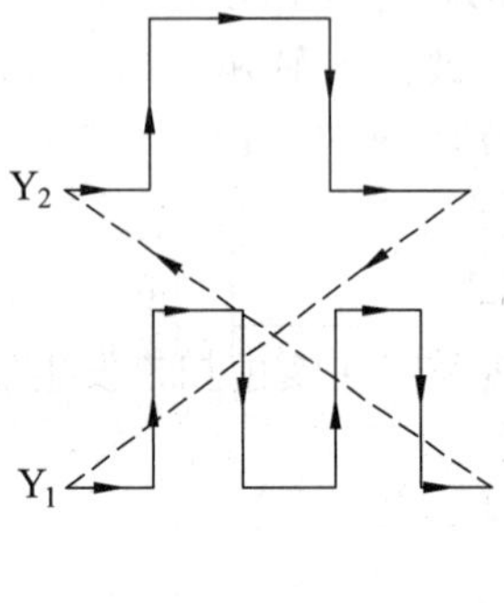

图 1-26　交替方式显示波形

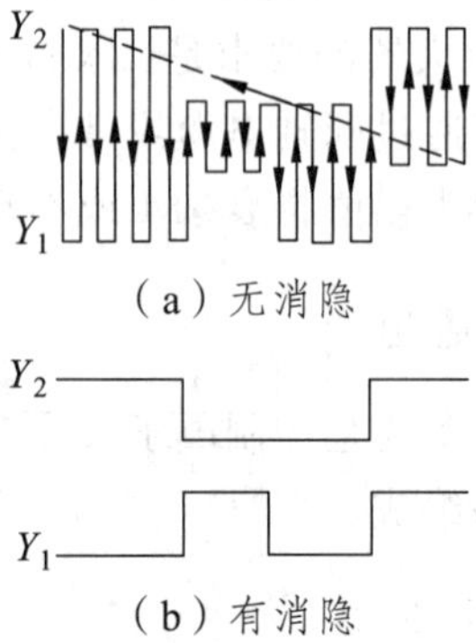

图 1-27　断续方式显示波形

2. 触发扫描

在普通示波器中，X 轴的扫描总是连续进行的，称为“连续扫描”。为了能更好地观测各种脉冲波形，在脉冲示波器中，通常采用“触发扫描”。采用这种扫描方式时，扫描发生器将工作在待触发状态，它仅在外加触发信号作用下，时基信号才开始扫描，否则便不扫描。这个外加触发信号通过触发选择开关取自“内触发”（Y 轴的输入信号经由内触发放大器输出触发信号），也可取自“外触发”输入端的外接同步信号。其基本原理是利用这些触发脉冲信号的上升沿或下降沿来触发扫描发生器，产生锯齿波扫描电压，然后经 X 轴放大后送 X 轴偏转板进行光点扫描。适当地调节“扫描速率”开关和“电平”调节旋钮，能方便地在荧光屏上显示具有合适宽度的被测信号波形。

上面介绍了示波器的基本结构，下面将介绍电子技术实验中常用的 CA8020 型双踪示波器。

三、CA8020 型双踪示波器

1. 概述

CA8020 型示波器为便携式双通道示波器。本机垂直系统具有 0 ~ 20 MHz 的频带宽度和 5 mV/DIV ~ 5 V/DIV 的偏转灵敏度，配以 10：1 探极，灵敏度可达 5V/DIV。本机在全频带范围内可获得稳定触发，触发方式设有常态、自动、电视场和峰值自动，尤其峰值自动给使用带来了极大的方便。内触设置了交替触发，可以稳定地显示两个频率不相关的信号。本机水平系统具有 0.5 s/DIV ~ 0.2 μs/DIV 的扫描速度，并设有扩展 × 10，可将最快扫速度提高到 20 ns/DIV。

2. 面板控制件介绍

CA8020 面板如图 1-28 所示，控件名称及功能如表 1-5 所示。

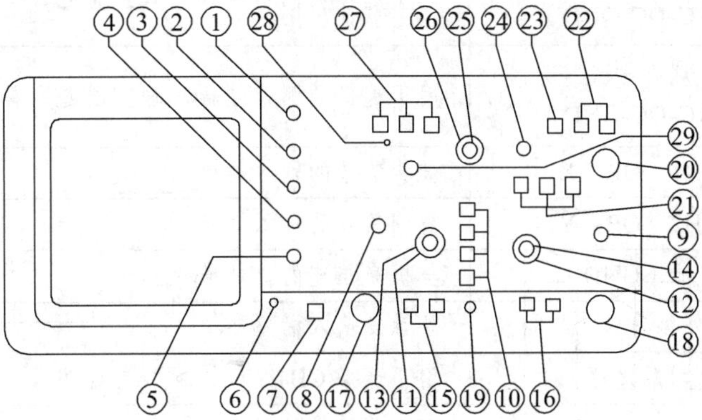

图 1-28　CA8020 型双踪示波器面板图

表 1-5　CA8020 型双踪示波器面板控制件及功能表

序号	控制件名称	功　能
①	亮度	调节光迹的亮度
②	辅助聚焦	与聚焦配合，调节光迹的清晰度
③	聚焦	调节光迹的清晰度
④	迹线旋转	调节光迹与水平刻度线平行
⑤	校正信号	提供幅度为 0.5 V，频率为 1 kHz 的方波信号，用于校正 10：1 探极的补偿电容器和检测示波器垂直与水平的偏转因数
⑥	电源指示	电源接通时，灯亮
⑦	电源开关	电源接通或关闭
⑧	CH1 移位 PULL　CH1－X　CH2－Y	调节通道 1 光迹在屏幕上的垂直位置，用作 X－Y 显示
⑨	CH2 移位 PULL　INVERT	调节通道 2 光迹在屏幕上的垂直位置，在 ADD 方式时使 CH1＋CH2 或 CH1－CH2
⑩	垂直方式	CH1 或 CH2：通道 1 或通道 2 单独显示； ALT：两个通道交替显示； CHOP：两个通道断续显示，用于扫速较慢时的双踪显示； ADD：用于两个通道的代数和或差
⑪	垂直衰减器	调节 CH1 垂直偏转灵敏度

续表

序号	控制件名称	功 能
⑫	垂直衰减器	调节 CH2 垂直偏转灵敏度
⑬	微调	用于连续调节 CH1 垂直偏转灵敏度，顺时针旋足为校正位置
⑭	微调	用于连续调节 CH2 垂直偏转灵敏度，顺时针旋足为校正位置
⑮	耦合方式（AC-DC-GND）	用于选择被测信号输入垂直通道的耦合方式
⑯	耦合方式（AC-DC-GND）	用于选择被测信号输入垂直通道的耦合方式
⑰	CH1 OR X	被测信号的输入插座
⑱	CH2 OR Y	被测信号的输入插座
⑲	接地（GND）	与机壳相连的接地端
⑳	外触发输入	外触发输入插座
㉑	内触发源	用于选择 CH1、CH2 或交替触发
㉒	触发源选择	用于选择触发源为 INT（内），EXT（外）或 LINE（电源）
㉓	触发极性	用于选择信号的上升或下降沿触发扫描
㉔	电平	用于调节被测信号在某一电平触发扫描
㉕	微调	用于连续调节扫描速度，顺时针旋足为校正位置
㉖	扫描速率	用于调节扫描速度
㉗	触发方式	常态（NORM）：无信号时，屏幕上无显示；有信号时，与电平控制配合显示稳定波形； 自动（AUTO）：无信号时，屏幕上显示光迹；有信号时，与电平控制配合显示稳定波形； 电视场（TV）：用于显示电视场信号； 峰值自动（P－P AUTO）：无信号时，屏幕上显示光迹；有信号时，无须调节电平即能获得稳定波形显示
㉘	触发指示	在触发扫描时，指示灯亮
㉙	水平移位 PULL×10	调节迹线在屏幕上的水平位置拉出时扫描速度被扩展 10 倍

3. 操作方法

1）电源检查

CA8020 双踪示波器电源电压为 220 V ± 10%。接通电源前，检查当地电源电压，如果不相符合，则禁止使用。

2）面板一般功能检查

（1）将有关控制件按表 1-6 置位。

表 1-6 设置有关控制件

控制件名称	作用位置	控制件名称	作用位置
亮度	居中	触发方式	峰值自动
聚焦	居中	扫描速率	0.5 ms/div
位移	居中	极性	正
垂直方式	CH1	触发源	INT
灵敏度选择	10 mV/div	内触发源	CH1
微调	校正位置	输入耦合	AC

（2）接通电源，电源指示灯亮，稍预热后，屏幕上出现扫描光迹，分别调节亮度、聚焦、辅助聚焦、迹线旋转、垂直、水平移位等控制件，使光迹清晰并与水平刻度平行。

（3）用 10∶1 探极将校正信号输入至 CH1 输入插座。

（4）调节示波器有关控制件，使荧光屏上显示稳定且易观察方波波形。

（5）将探极换至 CH2 输入插座，垂直方式置于“CH2”，内触发源置于“CH2”，重复（4）操作。

3）垂直系统的操作

（1）垂直方式的选择。

当只需观察一路信号时，将“垂直方式”开关置“CH1”或“CH2”，此时被选中的通道有效，被测信号可从通道端口输入。当需要同时观察两路信号时，将“垂直方式”开关置“交替”，该方式使两个通道的信号交替显示，交替显示的频率受扫描周期控制。当扫速低于一定频率时，交替方式显示会出现闪烁，此时应将开关置于“断续”位置。当需要观察两路信号代数和时，将“垂直方式”开关置于“代数和”位置，在选择这种方式时，两个通道的衰减设置必须一致，CH2 移位处于常态时为 CH1 + CH2，CH2 移位拉出时为 CH1 – CH2。

（2）输入耦合方式的选择。

直流（DC）耦合：适用于观察包含直流成分的被测信号，如信号的逻辑电平和静态信号的直流电平，当被测信号的频率很低时，也必须采用这种方式。

交流（AC）耦合：信号中的直流分量被隔断，用于观察信号的交流分量，如观察较高直流电平上的小信号。

接地（GND）：通道输入端接地（输入信号断开），用于确定输入为零时光迹所处位置。

（3）灵敏度选择（V/div）的设定。

按被测信号幅值的大小选择合适挡级。“灵敏度选择”开关外旋钮为粗调，中心旋钮为细调（微调），微调旋钮按顺时针方向旋足至校正位置时，可根据粗调旋钮的示值（V/div）和波形在垂直轴方向上的格数读出被测信号幅值。

4）触发源的选择

① 触发源选择。

当触发源开关置于“电源”触发，机内 50 Hz 信号输入到触发电路。当触发源开关置于“常态”触发，有两种选择，一种是“外触发”，由面板上外触发输入插座输入触发信号；另一种是“内触发”，由内触发源选择开关控制。

② 内触发源选择。

“CH1”触发：触发源取自通道 1。

“CH2”触发：触发源取自通道 2。

“交替触发”：当垂直方式开关置于“交替”，触发源与通道 1、通道 2 同步切换，在这种状态使用时，两个不相关的信号其频率不应相差很大，同时垂直输入耦合应置于“AC”，触发方式应置于“自动”或“常态”。当垂直方式开关置于“断续”和“代数和”时，内触发源选择应置于“CH1”或”CH2”。

5）水平系统的操作

（1）扫描速度选择（t/div）的设定。

按被测信号频率高低选择合适挡级，“扫描速率”开关外旋钮为粗调，中心旋钮为细调（微调），微调旋钮按顺时针方向旋足至校正位置时，可根据粗调旋钮的示值（t/div）和波形在水平轴方向上的格数读出被测信号的时间参数。当需要观察波形某一个细节时，可进行水平扩展×10，此时原波形在水平轴方向上被扩展 10 倍。

（2）触发方式的选择。

“常态”：无信号输入时，屏幕上无光迹显示；有信号输入时，触发电平调节在合适位置上，电路被触发扫描。当被测信号频率低于 20 Hz 时，必须选择这种方式。

“自动”：无信号输入时，屏幕上有光迹显示；一旦有信号输入时，电平调节在合适位置上，电路自动转换到触发扫描状态，显示稳定的波形。当被测信号频率高于 20 Hz 时，最常用这一种方式。

“电视场”：对电视信号中的场信号进行同步，如果是正极性，则可以由 CH2 输入，借助于 CH2 移位拉出，把正极性转变为负极性后测量。

“峰值自动”：这种方式同自动方式，但无须调节电平即能同步，它一般适用于正弦波、对称方波或占空比相差不大的脉冲波。对于频率较高的测试信号，有时也要借助于电平调节，它的触发同步灵敏度要比“常态”或“自动”稍低一些。

（3）“极性”的选择。

用于选择被测试信号的上升沿或下降沿去触发扫描。

（4）“电平”的位置。

用于调节被测信号在某一合适的电平上启动扫描，当产生触发扫描后，触发指示灯亮。

4. 测量电参数

1）电压的测量

示波器的电压测量实际上是对所显示波形的幅度进行测量，测量时应使被测波形稳定地显示在荧光屏中央，幅度一般不宜超过 6 div，以避免非线性失真造成的测量误差。

（1）交流电压的测量。

① 将信号输入至 CH1 或 CH2 插座，将垂直方式置于被选用的通道。

② 将 Y 轴“灵敏度微调”旋钮置校准位置，调整示波器有关控制件，使荧光屏上显示稳定、易观察的波形，则交流电压幅值

$$V_{p-p} = \text{垂直方向格数（div）} \times \text{垂直偏转因数（V/div）}$$

（2）直流电平的测量。

① 设置面板控制件，使屏幕显示扫描基线。

② 设置被选用通道的输入耦合方式为“GND”。

③ 调节垂直移位，将扫描基线调至合适位置，作为零电平基准线。

④ 将“灵敏度微调”旋钮置校准位置，输入耦合方式置“DC”，被测电平由相应 Y 输入端输入，这时扫描基线将偏移，读出扫描基线在垂直方向偏移的格数（div），则被测电平

$$V = \text{垂直方向偏移格数(div)} \times \text{垂直偏转因数(V/div)} \times \text{偏转方向(+或−)}$$

式中，基线向上偏移取正号，基线向下偏移取负号。

2）时间测量

时间测量是指对脉冲波形的宽度、周期、边沿时间及两个信号波形间的时间间隔（相位差）等参数的测量。一般要求被测部分在荧光屏 X 轴方向应占（4 ~ 6）div。

（1）时间间隔的测量。

对于一个波形中两点间的时间间隔的测量，测量时先将“扫描微调”旋钮置校准位置，调整示波器有关控制件，使荧光屏上波形在 X 轴方向大小适中，读出波形中需测量两点间水平方向格数，则时间间隔

$$\text{时间间隔} = \text{两点之间水平方向格数(div)} \times \text{扫描时间因数(t/div)}$$

（2）脉冲边沿时间的测量。

上升（或下降）时间的测量方法和时间间隔的测量方法一样，只不过是测量被测波形满幅度的 10%和 90%两点之间的水平方向距离，如图 1-29 所示。

用示波器观察脉冲波形的上升、下降边沿时，必须合理选择示波器的触发极性（用触发极性开关控制）。显示波形的上升边沿用“+”极性触发，显示波形下降边沿用“−”极性触发。如波形的上升沿或下降沿较快则可将水平扩展 ×10，使波形在水平方向上扩展 10 倍，则上升（或下降）时间：

$$\text{上升(或下降)时间} = \frac{\text{水平方向格数(div)} \times \text{扫描时间因数(t/div)}}{\text{水平扩展倍数}}$$

（3）相位差的测量。

① 参考信号和一个待比较信号分别接入“CH1”和“CH2”输入插座。

② 根据信号频率，将垂直方式置于“交替”或“断续”。

③ 设置内触发源至参考信号那个通道。

④ 将 CH1 和 CH2 输入耦合方式置“⊥”，调节 CH1、CH2 移位旋钮，使两条扫描基线重合。

⑤ 将 CH1、CH2 耦合方式开关置“AC”，调整有关控制件，使荧光屏显示大小适中，便于观察两路信号，如图 1-30 所示。读出两波形水平方向差距格数 D 及信号周期所占格数 T，则相位差

$$\theta = \frac{D}{T} \times 360°$$

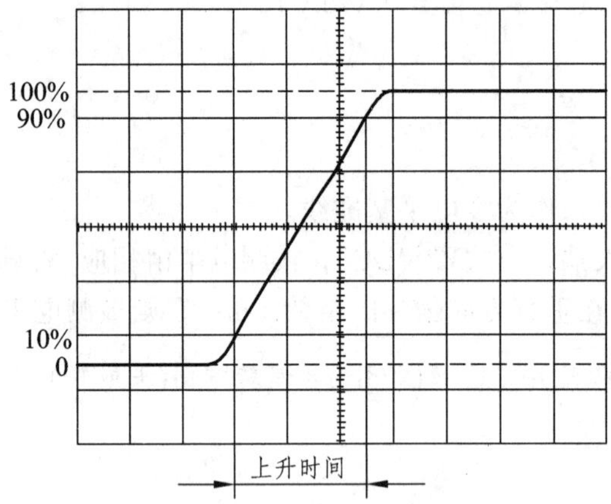

图 1-29　上升时间的测量

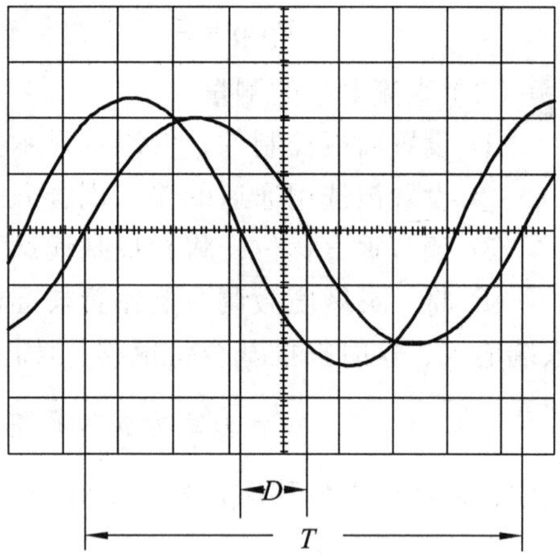

图 1-30　相位差的测量

2　电路分析与测量技术

2.1　电路和电路模型研究

2.1.1　基本电工仪表的使用及测量误差的计算

1. 实验元器件与设备

表 2-1　实验元器件设备

序号	名称	型号与规格	数量	备注
1	可调直流稳压电路	0 ~ 30 V	二路	
2	可调恒流电源	0 ~ 200 mA	1	
3	指针式万用表	MF-47 或其他	1	自备
4	可调电阻箱	0 ~ 9 999.9 Ω	1	DDZ-12
5	电阻器	按需选择	若干	

2. 实验原理及说明

为了准确地测量电路中实际的电压和电流，必须保证仪表接入电路后不会改变被测电路的工作状态。这就要求电压表的内阻为无穷大，电流表的内阻为零。而实际使用的指针式电工仪表都不能满足上述要求。因此，当测量仪表一旦接入电路，就会改变电路原有的工作状态，这就导致仪表的读数值与电路原有的实际值之间会出现误差。这种测量误差值的大小与仪表本身内阻值的大小密切相关。只要测出仪表的内阻，即可计算出由其产生的测量误差。以下介绍几种测量指针式仪表内阻的方法。

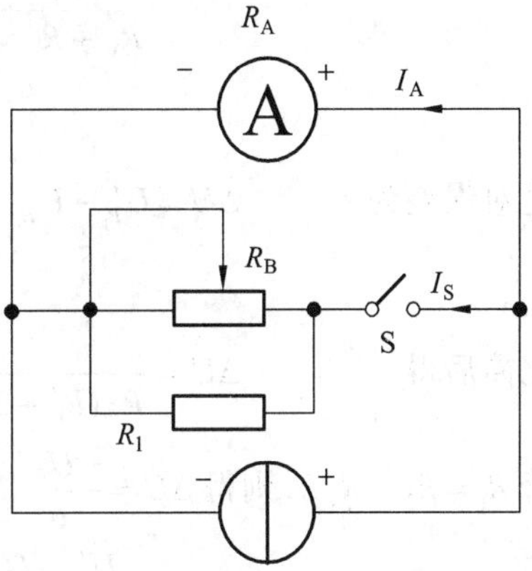

图 2-1　用分流法测量电流表内阻

（1）用“分流法”测量电流表的内阻如图 2-1 所示，A 为被测内阻（R_A）的直流电流表。测量时先断开开关 S，调节电流源的输出电流 I 使 A 表指针满偏转；然后合上开关 S，并保持 I 值不变，调节电阻箱 R_B 的阻值，使电流表的指针指在 1/2 满偏转位置，此时有 $I_A = I_S = I/2$，所以 $R_A = R_B // R_1$，R_1 为固定电阻器之值，R_B 可由电阻箱的刻度盘上读得。

（2）用分压法测量电压表的内阻。

如图 2-2 所示，V 为被测内阻（RV）的电压表。测量时先将开关 S 闭合，调节直流稳压电源的输出电压，使电压表 V 的指针为满偏转。然后断开开关 S，调节 R_B 使电压表 V 的指示值减半，此时有 $R_V = R_B + R_1$

电压表的灵敏度为 $S = R_V/U$，式中 U 为电压表满偏时的电压值。

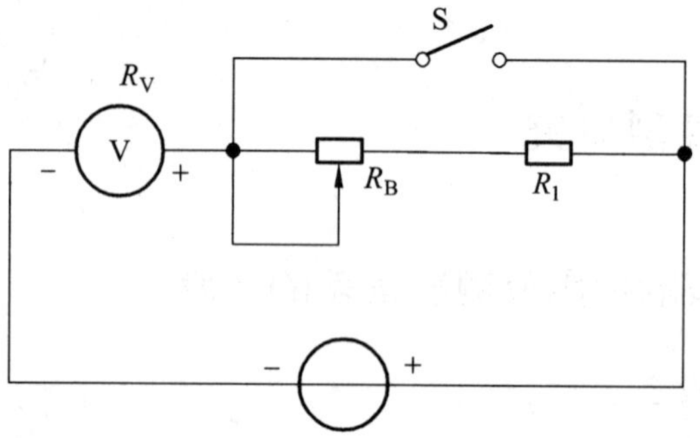

图 2-2　用分压法测量电压表内阻

（3）仪表内阻引入的测量误差（通常称之为方法误 差，而仪表本身结构引起的误差称为仪表基本误差）。

① 以图 2-3 所示电路为例，R_1 上的电压为 $U_{R_1} = \dfrac{R_1}{R_1 + R_2}U$，若 $R_1 = R_2$，则 $U_{R_1} = \dfrac{1}{2}U$。现用一内阻为 R_V 的电压表来测量 U_{R_1} 值，当 R_V 与 R_1 并联后，$R_{AB} = \dfrac{R_V R_1}{R_V + R_1}$，以此来替代上式中的 R_1，则得

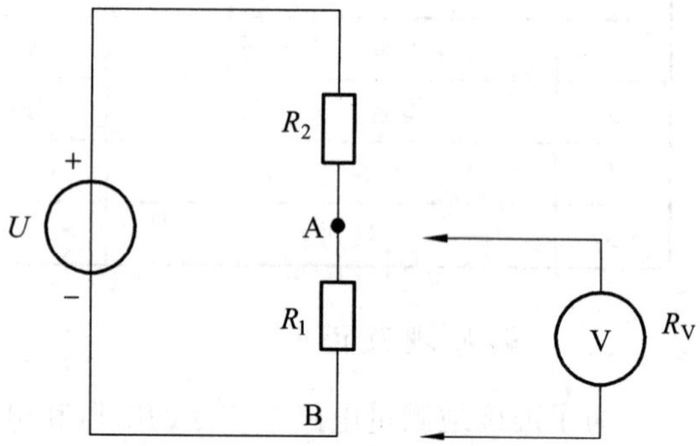

图 2-3　电压表测量电路

$$U'_{R_1} = \frac{\dfrac{R_V R_1}{R_V + R_1}}{\dfrac{R_V R_1}{R_V + R_1} + R_2} U$$

绝对误差为
$$\Delta U = U'_{R_1} - U_{R_1} = U\left(\frac{\dfrac{R_V R_1}{R_V + R_1}}{\dfrac{R_V R_1}{R_V + R_1} + R_2} - \frac{R_1}{R_1 + R_2}\right)$$

化简后得
$$\Delta U = \frac{-R_1^2 R_2 U}{R_V(R_1^2 + 2R_1R_2 + R_2^2) + R_1R_2(R_1 + R_2)}$$

若 $R_1 = R_2 = R_V$，则得 $\Delta U = -\dfrac{U}{6}$

相对误差
$$\Delta U\% = \frac{U'_{R_1} - U_{R_1}}{U_{R_1}} \times 100\% = \frac{-U/6}{-U/2} \times 100\% = -33.3\%$$

由此可见，当电压表的内阻与被测电路的电阻相近时，测得值的误差是非常大的。

② 伏安法测量电阻的原理为：测出流过被测电阻 R_X 的电流 I_R 及其两端的电压降 U_R，则其阻值 $R_X = U_R / I_R$。实际测量时，有两种测量电路，即相对于电源而言：① 电流表 A（内阻为 R_A）接在电压表 V（内阻为 R_V）的内侧；② A 接在 V 的外侧。两种电路如图 2-4（a）、（b）所示。

由电路 2-4（a）可知，只有当 $R_X \ll R_V$ 时，R_V 的分流作用才可忽略不计，A 的读数接近与实际流过 R_X 的电流值。图 2-4（a）的接法称为电流表的内接法。

由电路 2-4（b）可知，只有当 $R_X \ll R_V$ 时，R_A 的分压作用可以忽略不计，V 的读数接近于 R_X 两端的电压值。图 2-4（b）的接法称为电流表的外接法。

实际应用时，应根据不同情况选用合适的测量线路，才能获得较准确的测量结果。

例如，在图 2-4 中，设：$U = 20$ V，$R_A = 100\ \Omega$。假定 R_X 的实际值为 10 kΩ。

如果采用电路 2-4（a）测量，A、V 的读数分别为 2.96 mA 和 19.73 V，故 $R_X = 19.73 \div 2.96 = 6.667$（kΩ），相对误差 $\Delta R\% = (6.667 - 10) \div 10 \times 100 = -33.3(\%)$。

如果采用电路 2-4（b）测量，经计算，A、V 的读数分别为 1.98 mA 和 20 V，故 $R_X = 20 \div 1.98 = 10.1$（kΩ），相对误差 $\Delta R\% = (10.1 - 10) \div 10 \times 100 = 1$（%）。

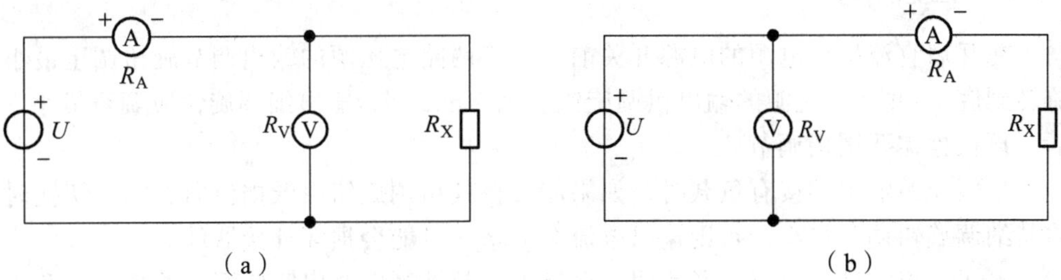

图 2-4　伏安法测量电阻

3. 实验内容与步骤

（1）根据“分流法”原理测定指针式万用表（MF-47 型或其他型号）直流电流 0.5 mA 和 5 mA 挡量限的内阻，电路如图 2-1 所示。R_B 可选用电阻箱或滑线变阻器（下同）。测量结果填入表 2-2 中。

表 2-2　分流法测内阻

被测电流表量限	S 闭合时表读数（mA）	S 断开时表读数（mA）	R_B（Ω）	R_1（Ω）	计算内阻 R_A（Ω）
0.5 mA					
5 mA					

（2）根据“分压法”原理测定指针式万用表直流电压 2.5 V 和 10 V 挡量限的内阻，电路如图 2-2 所示。测量结果填入表 2-3 中。

表 2-3　分压法测内阻

被测电流表量限	S 闭合时表读数（V）	S 断开时表读数（V）	R_B（Ω）	R_1（Ω）	计算内阻 R_V（kΩ）	S（Ω/V）
2.5 V						
10 V						

（3）用指针式万用表直流电压 10 V 挡量程测量图 2-3 电路中 R_1 上的电压 U'_{R_1} 之值，并计算测量的绝对误差与相对误差。测量结构填入表 2-4 中。

表 2-4　测量误差计算

U	R_2	R_1	R10 V（kΩ）	计算值 U_{R_1}（V）	实际值 U'_{R_1}（V）	绝对误差 ΔU	相对误差（$\Delta U/U$）*100%
12 V	10 kΩ	50 kΩ					

4. 实验注意事项

（1）在开启直流稳压电源的电源开关前，应将两路电压源的输出调节旋钮调至最小（逆时针旋转到底），并将恒流源的输出粗调旋钮拨到 2 mA 挡，输出细调旋钮应调至最小。接通电源后，再根据需要缓慢调节。

（2）当恒流源输出端接有负载时，如果需要将其粗调旋钮由低挡位向高挡位切换时，必须先将其细调旋钮调至最小，否则输出电流会突增，可能会损坏外接器件。

（3）电压表应与被测电路并联使用，电流表应与被测电路串联使用，并且要注意正、负极性与量程的合理选择。

（4）实验内容（1）、（2）中，R_1 的取值应与 R_B 相近。

（5）本实训仅测试指针式仪表的内阻。由于所选指针表的型号不同，本实训中所列的电流、电压量程及选用的 R_B、R_1 等均会不同。实训时请按选定的表型自行确定。

5. 实验报告与分析

1）实训目的

（1）熟悉实训台上各类电源及各类测量仪表的布局和使用方法。

（2）掌握指针式电压表、电流表内阻的测量方法。

（3）熟悉电工仪表测量误差的计算方法。

2）预习与思考

（1）根据实验内容与步骤（1）和（2），若已求出 0.5 mA 挡和 2.5 V 挡的内阻，可否直接计算得出 5 mA 挡和 10 V 挡的内阻？

（2）用量程为 10 A 的电流表测实际值为 8 A 的电流时，其读数为 8.1A，求测量的绝对误差和相对误差。

3）心得体会及其他

（1）列表记录实训数据，并计算各被测仪表的内阻值。

（2）分析实验结果，总结应用场合。

（3）对思考题的计算。

（4）其他（包括实验的心得、体会及意见等）。

2.1.2 减小仪表测量误差的方法

1. 实验元器件与设备

表 2-5 实验元器件与设备

序号	名称	型号与规格	数量	备注
1	直流稳压电源	0 ~ 30 V	1	
2	指针式万用表	MF-47 或其他	1	自备
3	直流数字毫安表	0 ~ 500 mA	1	
4	可调电阻箱	0-99 999.9Ω	1	DGJ-05
5	电阻器	按需选择		DGJ-05

2. 实验原理及说明

减小因仪表内阻而产生的测量误差的方法有两种：

1）不同量限两次测量计算法

当电压表的灵敏度不够高或电流表的内阻太大时，可利用多量限仪表对同一被测量用不同量限进行两次测量，再用所得读数经计算后可得到较准确的结果。

如图 2-5 所示电路，欲测量具有较大内阻 R_0 的电动势 U_S 的开路电压 U_o 时，如果所用电压表的内阻 R_V 与 R_0 相差不大时，将会产生很大的测量误差。

设电压表有两挡量限，U_1、U_2 分别为在这两个不同量限下测得的电压值，令 R_{V1} 和 R_{V2} 分别为这两个相应量限的内阻，则由图 2-5 可得出

$$U_1=\frac{R_{V1}}{R_0+R_{V1}}\times U_S$$

$$U_2=\frac{R_{V2}}{R_0+R_{V2}}\times U_S$$

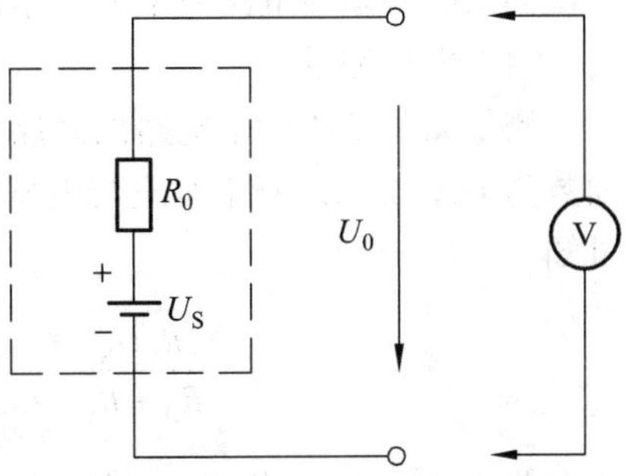

图 2-5 测量电动势电路图

由以上两式可解得 U_S 和 R_0。其中 U_S（即 U_o）为

$$U_S=\frac{U_1U_2(R_{V2}-R_{V1})}{U_1R_{V2}-U_2R_{V1}}$$

由此式可知，当电源内阻 R_0 与电压表的内阻 R_V 相差不大时，通过上述的两次测量，即可计算出开路电压 U_o 的大小，且其准确度要比单次测量

好得多。

对于电流表，当其内阻较大时，也可用类似的方法测得较准确的结果。如图 2-6 所示电路，不接入电流表时的电流为 $I=\frac{U_S}{R}$，接入内阻为 R_A 的电流表 A 时，电路中的电流变为 $I'=\frac{U_S}{R+R_A}$。

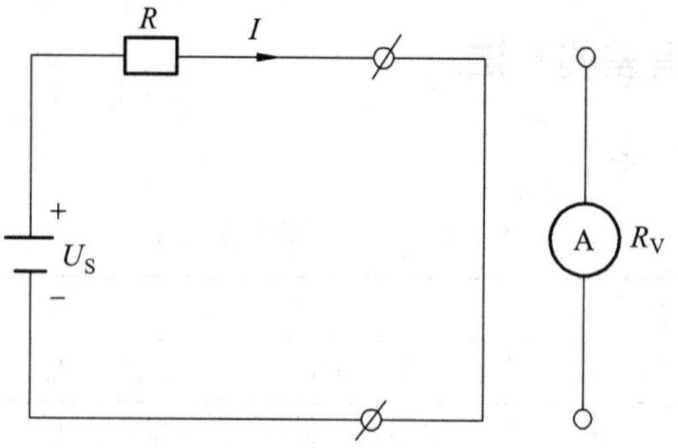

图 2-6　测量电流电路图

如果 $R_A=R$，则 $I'=I/2$，出现了很大的误差。

用有不同内阻 R_{A1}、R_{A2} 的两挡量限的电流表做两次测量并经简单的计算就可得到较准确的电流值。

如图 2-6 所示电路，两次测量得

$$I_1=\frac{U_S}{R+R_{A1}}\qquad I_2=\frac{U_S}{R+R_{A2}}$$

由以上两式可解得 U_S 和 R，进而可得：$I=\frac{U_s}{R}=\frac{I_1I_2(R_{A1}-R_{A2})}{I_1R_{A1}-I_2R_{A2}}$

2）同一量限两次测量计算法

如果电压表（或电流表）只有一挡量限，且电压表的内阻较小（或电流表的内阻较大）时，可用同一量限两次测量法减小测量误差。其中，第一次测量与一般的测量并无两样，第二次测量时必须在电路中串入一个已知阻值的附加电阻。

（1）电压测量。

测量如图 2-7 所示电路的开路电压 U_O。设电压表的内阻为 R_V。第一次测量，电压表的读数为 U_1；第二次测量时应与电压表串接一个已知阻值的电阻器 R，电压表读数为 U_2。由图可知

$$U_1=\frac{R_VU_S}{R_O+R_V}\qquad U_2=\frac{R_VU_S}{R_O+R+R_V}$$

由上两式可解得 U_S 和 R_O，其中 U_S（即 U_O）为

$$U_S=U_O=\frac{RU_1U_2}{R_V(U_1-U_2)}。$$

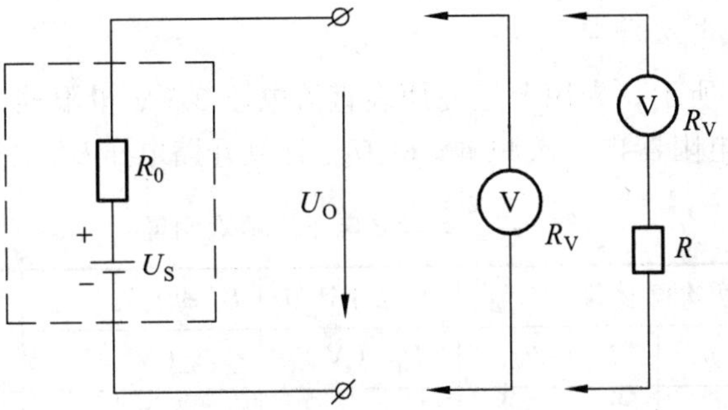

图 2-7　测量开路电压 U_O

（2）电流测量。

测量如图 2-8 所示电路的电流 I。设电流表的内阻为 R_A。第一次测量电流表的读数为 I_1。第二次测量时应与电流表串接一个已知阻值的电阻器 R，电流表读数为 I_2。由图可知

$$I_1=\frac{U_S}{R_O+R_A} \qquad I_2=\frac{U_S}{R_O+R_A+R}$$

由以上两式可解得 U_S 和 R_O，从而可得

$$I=\frac{U_S}{R_O}=\frac{I_1I_2R}{I_2(R_A+R)-I_1R_A}$$

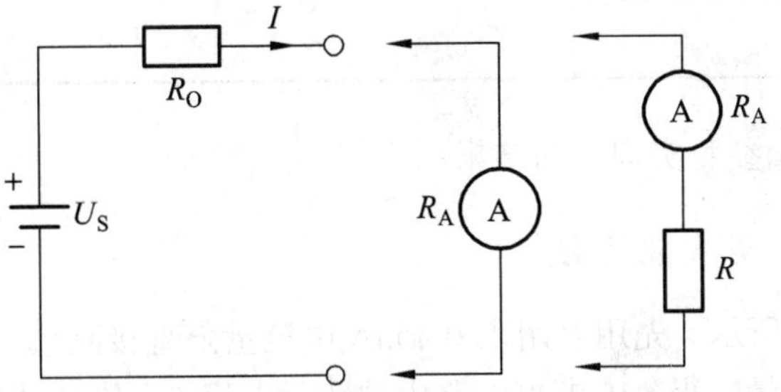

图 2-8　测量电流 I

由以上分析可知，当所用仪表的内阻与被测线路的电阻相差不大时，采用多量限仪表不同量限两次测量法或单量限仪表两次测量法，通过计算就可得到比单次测量准确得多的结果。

3. 实验内容与步骤

1）双量限电压表两次测量法

按图 2-7 所示电路，实训中利用实训台上的一路直流稳压电源，取 $U_S=2.5$ V，R_O 选用 50 kΩ（取自电阻箱）。用指针式万用表的直流电压 2.5 V 和 10 V 两挡量限进行两次测量，最后算出开路电压 U_O' 之值。结果填入表 2-6 中。

表 2-6　双量限电压表两次测量

万用表电压量限（V）	内阻值（kΩ）	两个量限的测量值（V）	电路计算值 U_O（V）	两次测量计算值 U_O'（V）	U 的相对误差值（%）	U_O' 的相对误差（%）
2.5						
10						

2）单量限电压表两次测量法

实训电路如图 2-5 所示，先用上述万用表直流电压 2.5 V 量限挡直接测量，得 U_1。然后串接 $R = 10\ \text{k}\Omega$的附加电阻器再一次测量，得 U_2。计算开路电压 U'_O 之值。结果填入表 2-7 中。

表 2-7　单量限电压表两次测量

<table>
<tr><td>实际计算值</td><td colspan="2">两次测量值</td><td>测量计算值</td><td>U_1 的相对误差</td><td colspan="2" rowspan="2">U'的相对误差（%）</td></tr>
<tr><td>U_O（V）</td><td>U_1（V）</td><td>U_2（V）</td><td>U'_O（V）</td><td>（%）</td></tr>
<tr><td></td><td></td><td></td><td></td><td></td><td></td><td></td></tr>
</table>

3）双量限电流表两次测量法

按图 2-6 所示线路，$U_S = 0.3\ \text{V}$，$R = 300\ \Omega$（取自电阻箱），用万用表 0.5 mA 和 5 mA 两档电路量限进行两次测量，计算出电路的电流值 I'。结果填入表 2-8 中。

表 2-8　双量限电流表两次测量

<table>
<tr><td>万用表流量限</td><td>内阻（Ω）</td><td>两个量限的测量值 I_1（mA），I_2（mA）</td><td>电路计算值 I（mA）</td><td>两次测量计算值 I'（mA）</td><td>I_1 的相对误差（%）</td><td colspan="2">I'的相对误差（%）</td></tr>
<tr><td>0.5 mA</td><td></td><td></td><td rowspan="2"></td><td rowspan="2"></td><td rowspan="2"></td><td></td><td rowspan="2"></td></tr>
<tr><td>5 mA</td><td></td><td></td><td></td></tr>
</table>

R0.5 mA 和 R5 mA 参照实训一的结果。

4. 单量限电流表两次测量法

实训电路如图 2-6 所示。先用万用表 0.5 mA 电流量限直接测量，得 I_1。再串联附加电阻 $R = 30\ \Omega$ 进行第二次测量，得 I_2。求出电路中的实际电流 I'之值。结果填入表 2-9 中。

表 2-9　单量限电流表两次测量

实际计算值	两次测量值		测量计算值	I_1 的相对误差	I'的相对误差
I（mA）	I_1（mA）	I_2（mA）	I'（mA）	（%）	（%）

4. 实验注意事项

（1）同 2.1.1 小节注意事项（1）。

（2）采用不同量限两次测量法时，应选用相邻的两个量限，且被测值应接近于低量限的满偏值。否则，当用高量限测量较低的被测值时，测量误差会较大。

（3）实训中所用的 MF-47 型万用表属于较精确的仪表。在大多数情况下，直接测量误差不会太大。只有当被测电压源的内阻 > 1/5 电压表内阻或者被测电流源内阻 < 5 倍电流表内阻时，采用本实训的测量、计算法才能得到较满意的结果。

5. 实验报告

1）实训目的

（1）了解电压表、电流表的内阻在测量过程中产生误差的原因及其分析方法。

（2）掌握减小因仪表内阻所引起的测量误差的方法。

2）预习与思考

（1）完成各项实验内容的计算。

（2）实验的收获与体会。

（3）其他。

2.1.3 已知和未知电路元器件伏安特性的测绘

1. 实验元器件与设备

表 2-10 实验元器件与设备

序号	名称	型号与规格	数量	备注
1	直流稳压电源	0～30V	1	
2	万用表		1	自备
3	直流电流表	0～2 000 mA	1	
4	直流数字电压表	0～200 V	1	
5	二极管	IN4007，2AP9	1	DDZ-12
6	稳压管	2CW51	1	DDZ-12
7	白炽灯	12 V/0.1 A	1	DDZ-12
8	线性电阻器	200 Ω，510 Ω，1 kΩ/2 W	各一	DDZ-11
9	未知电阻		若干	DDZ-12

2. 实验原理及说明

任何一个电器二端元件的特性可用该元件上的端电压 U 与通过该元件的电流 I 之间的函数关系 $I=f(U)$来表示，即用 I-U 平面上的一条曲线来表征，这条曲线称为该元件的伏安特性曲线。

（1）线性电阻器的伏安特性曲线是一条通过坐标原点的直线，如图 2-9 中 a 所示，该直线的斜率等于该电阻器的电阻值。

（2）一般的白炽灯在工作时灯丝处于高温状态，其灯丝电阻随着温度的升高而增大，通过白炽灯的电流越大，其温度越高，阻值也越大，一般灯泡的“冷电阻”与“热电阻”的阻值可相差几倍至十几倍，它的伏安特性如图 2-9 中 b 曲线所示。

（3）一般的半导体二极管是一个非线性电阻元件，其伏安特性如图 2-9 中 c 所示。正向压降很小（一般的锗管约为 0.2～0.3 V，硅管约为 0.5～0.7 V），正向电流随正向压降的升高而急骤上升。而反向电压从零一直增加到十多至几十伏时，其反向电流增加很小，粗略地可视为零，可见，二极管具有单向导电性。但反向电压加得过高，超过管子的极限值，则会导致管子击穿损坏。

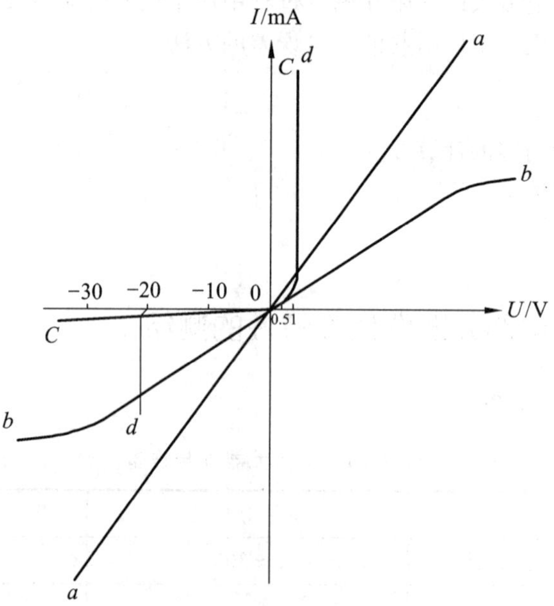

图 2-9 伏安特性曲线

（4）稳压二极管是一种特殊的半导体二极管，其正向特性与普通二极管类似，但其反向特性较特别，如图 2-9 中 *d* 所示。在反向电压开始增加时，其反向电流几乎为零，但当电压增加到某一数值时（称为管子的稳压值，有各种不同稳压值的稳压管），电流将突然增加，以后它的端电压将基本维持恒定，当反向电压继续升高时其端电压仅有少量增加。

注意：流过二极管或稳压二极管的电流不能超过管子的极限值，否则管子就会烧坏。

3. 实验内容与步骤

1）测定线性电阻器的伏安特性

按图 2-10 所示接线，调节稳压电源的输出电压 U，从 0 伏开始缓慢地增加，一直到 10 V，记下相应的电流表读数 U_R、I。填入表 2-11 中。

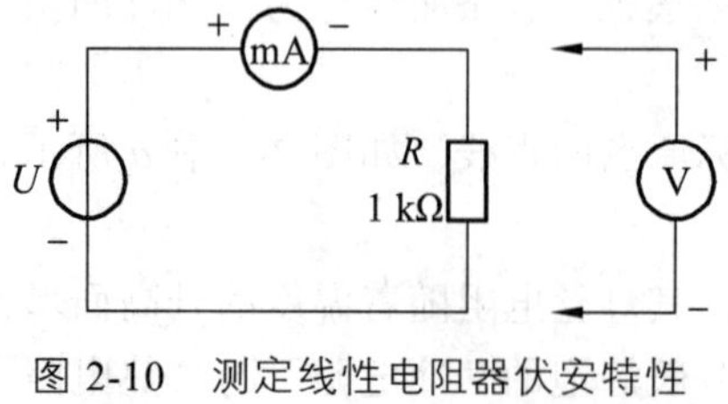

图 2-10 测定线性电阻器伏安特性

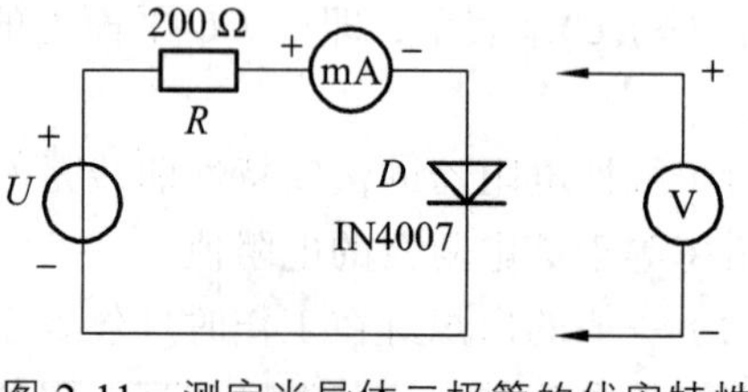

图 2-11 测定半导体二极管的伏安特性

表 2-11 测定线性电阻器伏安特性

U_R（V）	0	2	4	6	8	10
I（mA）						

2）测定非线性白炽灯泡的伏安特性

将图 2-10 中的 R 换成一只 12 V，0.1 A 的灯泡，重复 1。U_L 为灯泡的端电压，测试结果填入表 2-12 中。

表 2-12 测定非线性电阻器伏安特性

U_L（V）	0.1	0.5	1	2	3	4	5
I（mA）							

3）测定半导体二极管的伏安特性

按图 2-11 所示接线，R 为限流电阻器。测二极管的正向特性时，其正向电流不得超过 35 mA，二极管 D 的正向压降 U_{D+}按表 2-13 所列取值。测反向特性时，只需将图 2-11 中的二极管 D 反接，且其反向电压 U_{D-}可加到 30 V。测试结果填入表 2-13，表 2-14 中。

表 2-13 正向特性实验数据

U_{D+}（V）	0.10	0.30	0.50	0.55	0.60	0.65	0.70	0.75
I（mA）								

表 2-14 反向特性实验数据

U_{D-}（V）	0	−5	−10	−15	−20	−25	−30
I（mA）							

4）测定稳压二极管的伏安特性

（1）正向特性实训：将图 2-11 中的二极管换成稳压二极管 2CW51，重复 3）中的正向施压。测试结果填入表 2-15 中。

表 2-15 稳压二极管正向特性数据

U_{z+}（V）	
I（mA）	

（2）反向特性实训：将图 2-11 中的 R 换成 510 Ω，同时 2CW51 反接，测量 2CW51 的反向特性。稳压电源的输出电压 U_O范围为 0 ~ 20 V，测量 2CW51 两端的电压 U_{Z-}及电流 I，由 U_Z可看出其稳压特性。测试结果填入表 2-16 中。

表 2-16 稳压二极管反向特性数据

U_O（V）	
U_{z-}（V）	
I（mA）	

4. 实验注意事项

（1）测二极管正向特性时，稳压电源输出应由小至大逐渐增加，应时刻注意电流表读数不得超过 35 mA。

（2）进行不同实训时，应先估算电压和电流值，合理选择仪表的量程，勿使仪表超量程。仪表的极性亦不可接错。

5. 实验报告

1）实训目的

（1）学会识别常用电路元件的方法。

（2）掌握线性电阻、非线性电阻元器件伏安特性的测试技能。

（3）掌握实训台上直流电工仪表和设备的使用方法。

2）预习与思考

（1）线性电阻与非线性电阻的概念是什么？电阻器与二极管的伏安特性有何区别？

（2）设某器件伏安特性曲线的函数式为 $I=f(U)$，试问在逐点绘制曲线时，其坐标变量应如何放置？

（3）稳压二极管与普通二极管有何区别，其用途如何？

（4）在图 2-11 中，设 $U=2$ V，$U_{D+}=0.7$ V，则 mA 表读数为多少？

3）实验数据与分析

（1）根据各项实验数据，分别在方格纸上绘制出光滑的伏安特性曲线（其中二极管和稳压管的正、反向特性均要求画在同一张图中，正、反向电压可取为不同的比例尺）。

（2）根据实验结果，总结、归纳被测元件的特性。

（3）必要的误差分析。

（4）心得体会及其他。

2.1.4 电位、电压的测定及电路电位图的绘制

1. 实验元器件与设备

表 2-17 实验元器件与设备

序号	名称	型号与规格	数量	备注
1	直流可调稳压电源	0 ~ 30 V	二路	
2	万用表		1	自备
3	直流数字电压表	0 ~ 200 V	1	
4	电压、电位测定实验电路板		1	DGJ-03

2. 实验原理及说明

在一个闭合电路中，各点电位的高低视所选的电位参考点的不同而改变，但任意两点间

的电位差（即电压）则是绝对的，它不因参考点的变动而改变。

电位图是一种平面坐标一、四两象限内的折线图。其纵坐标为电位值，横坐标为各被测点。要制作某一电路的电位图，先以一定的顺序对电路中各被测点编号。以图 2-12 所示的电路为例，在绘制电位图时，在坐标横轴上按顺序以均匀间隔标上 A、B、C、D、E、F。再根据测得的各点电位值，在各点所在的垂直线上描点。用直线依次连接相邻两个电位点，即得该电路的电位图。

在电位图中，任意两个被测点的纵坐标值之差即为该两点之间的电压值。

在电路中电位参考点可任意选定。对于不同的参考点，所绘出的电位图形式是不同的，但其各点电位变化的规律是一样的。

3. 实验内容与步骤

根据图 2-12 接线。

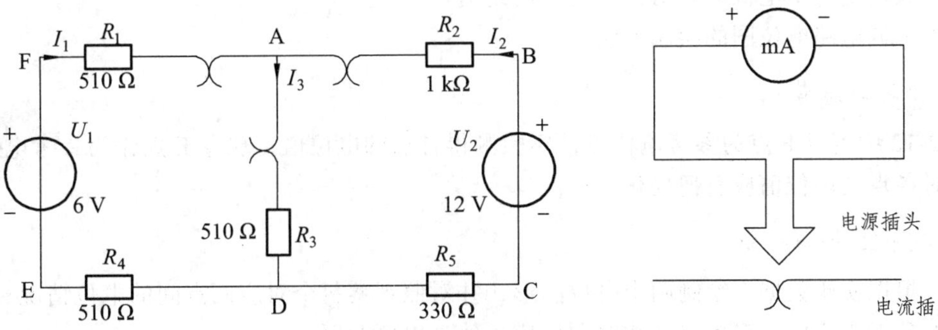

图 2-12　实验接线图

（1）分别将两路直流稳压电源接入电路，令 $U_1 = 6$ V，$U_2 = 12$ V（先调准输出电压值，再接入实验线路中）。

（2）以图 2-12 中的 A 点作为电位参考点，分别测量 B、C、D、E、F 各点的电位值及相邻两点之间的电压值 U_{AB}、U_{BC}、U_{CD}、U_{DE}、U_{EF} 及 U_{FA}，数据列于表中。

（3）以 D 点作为参考点，重复实验内容 2 的测量，测得数据列于表 2-18 中。

表 2-18　测试表

电位参考点	Φ 与 U	Φ_A	Φ_B	Φ_C	Φ_D	Φ_E	Φ_F	Φ_{AB}	Φ_{BC}	Φ_{CD}	Φ_{DE}	Φ_{EF}	Φ_{FA}
A	计算值	—	—	—	—	—	—						
	测量值												
	相对误差	—	—	—	—	—	—						
D	计算值	—	—	—	—	—	—						
	测量值												
	相对误差	—	—	—	—	—	—						

4. 实验注意事项

（1）本实训线路板系多个实训通用，本次实训中不使用电流插头和插座，三个故障按键均不得按下。

（2）测量电位时，用指针式万用表的直流电压挡或用数字直流电压表测量时，用负表棒（黑色）接参考电位点，用正表棒（红色）接被测各点。若指针正向偏转或数显表显示正值，则表明该电位为正（即高于参考点电压）；若指针反向偏转或数显表显示负值，此时应调换万用表的表棒，然后读出数值，此时在电位值之前应加一负号（表明该电位低于参考点电位）。数显表也可不调换表棒，直接读出负值。

5. 实验报告

1）实训目的

（1）验证电路中电位的相对性、电压的绝对性。

（2）掌握电路电位图的绘制方法。

2）预习与思考

图 2-12 中若以 F 点为参考电位点，实验测得各点的电位值；现令 E 点作为参考电位点，试问此时各点的电位值应有何变化?

3）实验数据与分析

（1）根据实验数据，绘制两个电位图形，并对照观察每个对应两点间的电位情况。两个电位图的参考点不同，但各点的相对顺序应一致，以便对照。

（2）完成数据表格中的计算，对误差做必要的分析。

（3）总结电位相对性和电压绝对性的结论。

（4）心得体会及其他。

2.1.5 受控源 VCVS、VCCS、CCVS、CCCS 的实验研究

1. 实验元器件与设备

表 2-19 实验元器件与设备

序号	名称	型号与规格	数量	备注
1	可调直流稳压源	0 ~ 30 V	1	
2	可调直流恒流源	0 ~ 200 mA	1	
3	直流数字电压表	0 ~ 200 V	1	
4	直流数字毫安表	0 ~ 500 mA	1	
5	可变电阻箱	0 ~ 99 999.9 Ω	1	
6	受控源实验电路板	0 ~	1	

2. 实验原理及说明

（1）电源有独立电源（如电池、发电机等）与非独立电源（或称为受控源）之分。

受控源与独立源的不同点是:独立源的电势或电激流是某一固定的数值或是时间的某一函数，它不随电路其余部分的状态而变。而受控源的电势或电激流则是随电路中另一支路的电压或电流而变的一种电源。

受控源又与无源元件不同，无源元件两端的电压和它自身的电流有一定的函数关系。而受控源的输出电压或电流则和另一支路（或元件）的电流或电压有某种函数关系。

（2）独立源与无源元件是二端器件，受控源则是四端器件，或称为双口元件，它有一对输入端（U_1、I_1）和一对输出端（U_2、I_2）。输入端可以控制输出端电压或电流大小。施加于输入端的控制量可以是电压或电流，因而有两种受控电压源（即电压控制电压源 VCVS 和电流控制电压源 CCVS）和两种受控电流源（即电压控制电流源 VCCS 和电流控制电流源 CCCS）。它们的示意图如图 2-13 所示。

（3）当受控源的输出电压（或电流）与控制支路的电压（或电流）成正比变化时，则称该受控源是线性的。

理想受控源的控制支路中只有一个独立变量（电压或电流），另一个独立变量等于零，即从输入口看，理想受控源或者是短路（即输入电阻 $R_1 = 0$，因而 $U_1 = 0$），或者是开路（即输入电导 $G_1 = 0$，因而输入电流 $I_1 = 0$）；从输出口看，理想受控源或者是一个理想电压源，或者是一个理想电流源。

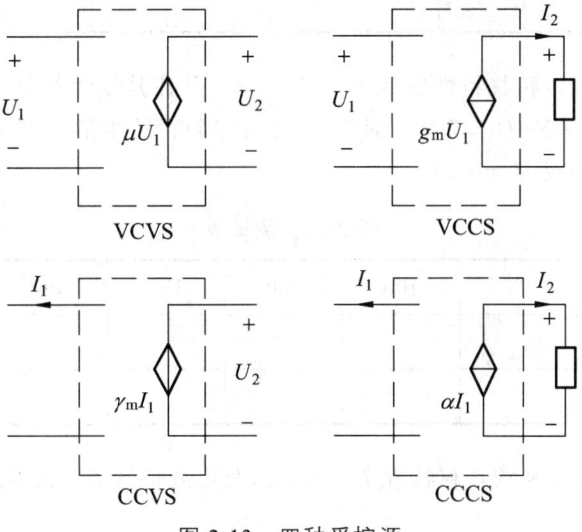

图 2-13　四种受控源

（4）受控源的控制端与受控端的关系式称为转移函数。

四种受控源的转移函数参量的定义如下：

压控电压源（VCVS）：$U_2 = f(U_1)$，$\mu = U_2/U_1$ 称为转移电压比（或电压增益）。

（2）压控电流源（VCCS）：$I_2 = f(U_1)$，$g_m = I_2/U_1$ 称为转移电导。

（3）流控电压源（CCVS）：$U_2 = f(I_1)$，$\gamma_m = U_2/I_1$ 称为转移电导。

（4）流控电流源（CCCS）：$I_2 = f(I_1)$，$\alpha = I_2/I_1$ 称为转移电流比（或电流增益）。

3. 实验内容与步骤

（1）测量受控源 VCVS 的转移特性 $U_2=f(U_1)$ 及负载特性 $U_2=f(I_L)$，实验电路如图 2-14（a）所示。

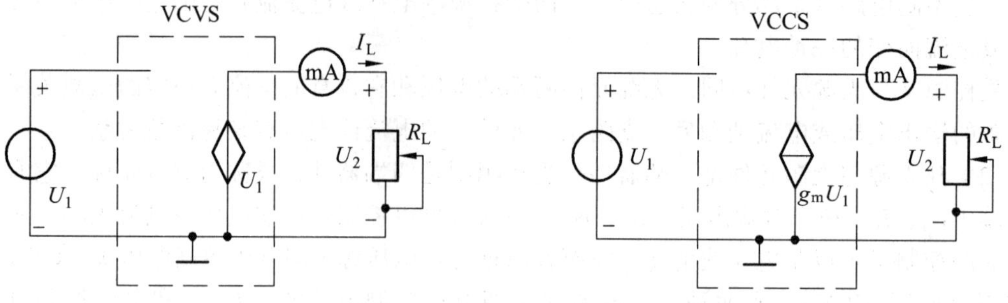

（a）VCVS　　（b）VCCS

图 2-14　测量 VCVS 与 VCCS 转移特性与负载特性

① 不接电流表，固定 $R_L=2\ k\Omega$，调节稳压电源输出电压 U_1，测量 U_1 及相应的 U_2 值，记入表 2-20 中。

表 2-20　测试表

U_1（V）	0	1	2	3	4	5	6	7	8	9	μ
U_2（V）											

在方格纸上绘出电压转移特性曲线 $U_2=f(U_1)$，并在其线性部分求出转移电压比μ。

② 接入电流表，保持 $U_1=2$ V，调节 R_L 可变电阻箱的阻值，测 U_2 及 I_L，填入表 2-21 中，并绘制负载特性曲线 $U_2=f(I_L)$。

表 2-21　测试表

R_L（Ω）	50	70	100	200	300	400	500	∞
U_2（V）								
I_L（mA）								

（2）测量受控源 VCCS 的转移特性 $I_L=f(U_1)$ 及负载特性 $I_L=f(U_2)$，实验线路如图 2-14（b）所示。

① 固定 $R_L=2\ k\Omega$，调节稳压电源的输出电压 U_1，测出相应的 I_L 值，填入表 2-22 中，并绘制 $I_L=f(U_1)$ 曲线，并由其线性部分求出转移电导 g_m。

表 2-22　测试表

U_1（V）	0.1	0.5	1.0	2.0	3.0	3.5	3.7	4.0	g_m
I_L（mA）									

② 保持 $U_1=2$ V，令 R_L 从大到小变化，测出相应的 I_L 及 U_2，填入表 2-23 中，并绘制 $I_L=f(U_2)$ 曲线。

表 2-23 测试表

R_L（Ω）	5	4	3	2	1	0.5	0.4	0.3	0.2	0.1	0
U_2（V）											
I_L（mA）											

（3）测量受控源 CCVS 的转移特性 $U_2=f(I_1)$ 与负载特性 $U_2=f(I_L)$，实验线路如图 2-15 所示。

① 固定 $R_L=2$ kΩ，调节恒流源的输出电流 I_S，按表 2-24 所列 I_L 值，测出 U_2，绘制 $U_2=f(I_L)$ 曲线，并由其线性部分求出转移电阻 r_m。

表 2-24 测试表

I_L（mA）	0.1	1.0	3.0	5.0	7.0	8.0	9.0	9.5	r_m
U_2（V）									

② 保持 $I_S=2$ mA，按表 2-25 所列 R_L 值，测出 U_2 及 I_L，填入表中，并绘制负载特性曲线 $U_2=f(I_L)$。

表 2-25 测试表

R_L（kΩ）	0.5	1	2	4	6	8	10
U_2（V）							
I_L（mA）							

（4）测量受控源 CCCS 的转移特性 $I_L=f(I_1)$ 及负载特性 $I_L=f(U_2)$，实验线路如图 2-16 所示。

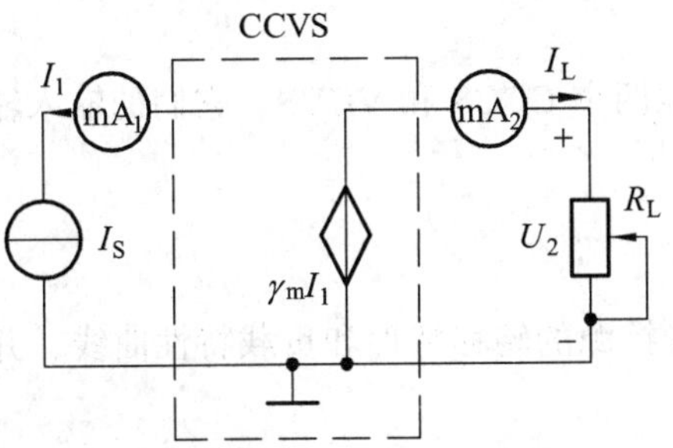

图 2-15 测量 CCVS 特性与负载特性

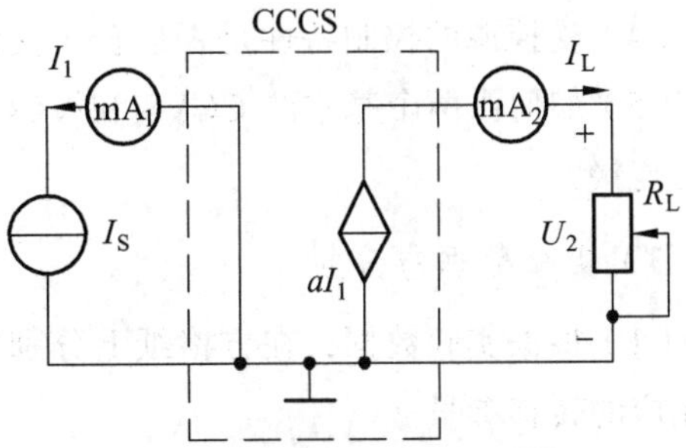

图 2-16 测量 CCCS 转性与负载特性

① 参见步骤（3）第①小步测出 I_L，绘制 $I_L=f(I_1)$ 曲线，并由其线性部分求出转移电流比 α。测试数据填入表 2-26 中。

表 2-26　测试表

I_1（mA）	0.1	0.2	0.5	1	1.5	2	2.2	α
I_L（V）								

② 保持 $I_S = 1$ mA，令 R_L 为表 2-27 所列值，测出 I_L，绘制 $I_L = f(U_2)$ 曲线。

表 2-27　测试表

R_L（kΩ）	0	0.2	0.4	0.6	0.8	1	2	5	10	20
U_2（V）										
I_L（mA）										

4. 实验注意事项

（1）每次组装电路，必须事先断开供电电源，但不必断开电源总开关。

（2）如果只有 VCCS 和 CCVS 两种线路，要做 VCVS 或 CCCS 实验，必须利用 VCCS 和 CCVS 两线路进行适当连接。

5. 实验报告与分析

1）实训目的

通过测试受控源的外特性及其转移参数，进一步理解受控源的物理概念，加深对受控源的认识和理解。

2）预习与思考

（1）受控源与独立源相比有何异同点？比较四种受控源的代号、电路模型、控制量与被控量的关系。

（2）四种受控源中的γ_m、g_m、α 和 μ 意义是什么？如何测得？

（3）若受控源控制量的极性反向，试问其输出极性是否发生变化？

（4）受控源的控制特性是否适合于交流信号？

（5）如何由两个基本的 CCVS 和 VCCS 获得其他两个 CCCS 和 VCVS，它们的输入输出如何连接？

3）实验数据与分析

（1）根据实验数据，在方格纸上分别绘出四种受控源的转移特性和负载特性曲线，并求出相应的转移参量。

（2）对预习思考题做必要的回答。

（3）对实验的结果作出合理的分析和结论，总结对四种受控源的认识和理解。

（4）心得体会及其他。

2.2 电路基本定理验证

2.2.1 基尔霍夫定律的验证

1. 实验元器件与设备

表 2-28 实验元器件与设备

序号	名称	型号与规格	数量	备注
1	可调直流稳压源	0 ~ 30 V	1	
2	可调直流恒流源	0 ~ 200 mA	1	
3	直流数字电压表	0 ~ 200 V	1	
4	直流数字毫安表	0 ~ 500 mA	1	
5	可变电阻箱	0 ~ 99 999.9 Ω	1	
6	受控源实验电路板	0 ~	1	

2. 实验原理及说明

基尔霍夫定律是电路的基本定律。测量某电路的各支路电流及每个元件两端的电压，应能分别满足基尔霍夫电流定律（KCL）和电压定律（KVL）。即对电路中的任一个节点而言，应有 $\Sigma I = 0$；对任何一个闭合回路而言，应有 $\Sigma U = 0$。

运用上述定律时必须注意各支路或闭合回路中电流的正方向，此方向可预先任意设定。

3. 实验内容与步骤

实训电路与图 2-12 相同，用 DDZ-03 挂箱的“基尔霍夫定律/叠加原理”电路。

（1）实训前先任意设定三条支路和三个闭合回路的电流正方向。图 2-12 中的 I_1、I_2、I_3 的方向已设定。三个闭合回路的电流正方向可设为 ADEFA、BADCB 和 FBCEF。

（2）分别将两路直流稳压源接入电路，令 $U_1 = 6$ V，$U_2 = 12$ V。

（3）熟悉电流插头的结构，将电流插头的两端接至数字毫安表的“+、-”两端。

（4）将电流插头分别插入三条支路的三个电流插座中，读出并记录电流值。

（5）用直流数字电压表分别测量两路电源及电阻元件上的电压值。

所以测试数据填入表 2-29 中。

表 2-29 基尔霍夫定律测试表

被测量	I_1（mA）	I_2（mA）	I_3（mA）	U_1（V）	U_2（V）	U_{FA}（V）	U_{AB}（V）	U_{AD}（V）	U_{CD}（V）	U_{DE}（V）
计算值										
测量值										
相对误差										

4. 实验注意事项

（1）需用到电流插座。

（2）所有需要测量的电压值，均以电压表测量的读数为准。U_1、U_2也需测量，不应取电源本身的显示值。

（3）防止稳压电源两个输出端碰线短路。

（4）用指针式电压表或电流表测量电压或电流时，如果仪表指针反偏，则必须调换仪表极性，重新测量。若用数显电压表或电流表测量，则可直接读出电压或电流值。但应注意：所读得的电压或电流值的正、负极性应根据设定的电流方向来判断。

5. 实验报告与分析

1）实训目的

（1）验证基尔霍夫定律的正确性，掌握基尔霍夫定律的内容。

（2）学会用电流插头、插座测量各支路电流的方法。

2）预习与思考

（1）根据图 2-12 所示的电路参数，计算出待测的电流 I_1、I_2、I_3 和各电阻上的电压值，记入表中，以便实训测量时，可正确地选定毫安表和电压表的量程。

（2）实训中，若用指针式万用表直流毫安挡测各支路电流，在什么情况下可能出现指针反偏，应如何处理？在记录数据时应注意什么？若用直流电流表进行测量时，则会有什么显示呢？

3）实验数据与分析

（1）根据实训数据，选定节点 A，验证 KCL 的正确性。

（2）根据实训数据，选定实训电路中的任一个闭合回路，验证 KVL 的正确性。

（3）将支路和闭合回路的电流方向重新设定，重复 1、2 两项验证。

（4）误差原因分析。

（5）心得体会及其他。

2.2.2 叠加原理的验证

1. 实验元器件与设备

表 2-30 实验元器件与设备

序号	名称	型号与规格	数量（个）	备注
1	直流可调稳压电源	0 ~ 30 V	2	
2	万用表		1	自备
3	直流数字表	0 ~ 200 V	1	
4	直流数字毫安表	0 ~ 500 mA	1	
5	迭加原理实验电路板		1	DGJ-03

2. 实验原理及说明

叠加原理指出在有多个独立源共同作用下的线性电路中，通过每一个元件的电流或其两端的电压,可以看成是由每一个独立源单独作用时在该元件上所产生的电流或电压的代数和。

线性电路的齐次性是指当激励信号(某独立源的值)增加或减小 K 倍时，电路的响应(即在电路中各电阻元件上所建立的电流和电压值)也将增加或减小 K 倍。

3. 实验内容与步骤

实训电路如图 2-17 所示，用 DDZ-03 挂箱的“基尔霍夫定律/叠 加原理”电路。

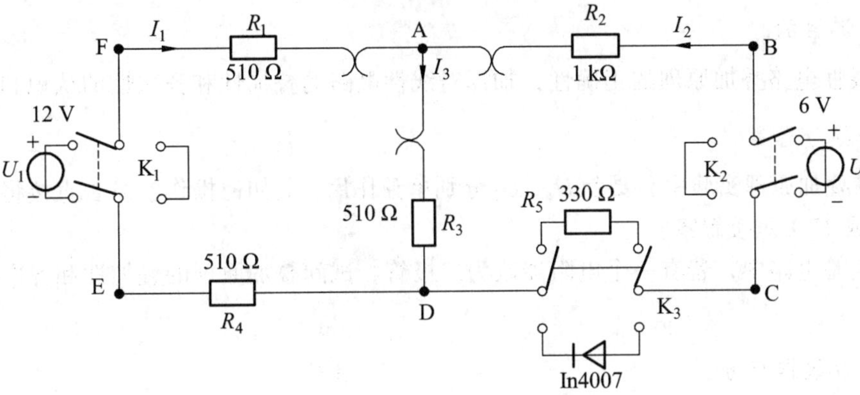

图 2-17　叠加原理测试电路

(1)将两路稳压源的输出分别调节为 12 V 和 6 V，接入 U_1 和 U_2 处。

(2)令 U_1 电源单独作用(将开关 K_1 投向 U_1 侧，开关 K_2 投向短路侧)用直流数字电压表和毫安表(接电流插头)测量各支路电流及各电阻元件两端的电压，数据记入表 2-31 中。

表 2-31　测试表

实验内容	U_1(V)	U_2(V)	I_1(mA)	I_2(mA)	I_3(mA)	U_{FA}(V)	U_{AB}(V)	U_{AD}(V)	U_{CD}(V)	U_{DE}(V)
U_1 单独作用										
U_2 单独作用										
U_1U_2 共同作用										
$2U_2$ 独作用										

(3)令 U_2 电源单独作用(将开关 K_1 投向短路侧，开关 K_2 投向 U_2 侧)，重复实训步骤 2 的测量和记录，数据记入表 2-31 中。

(4)令 U_1 和 U_2 共同作用(开关 K_1 和 K_2 分别投向 U_1 和 U_2 侧)，重复上述的测量和记录，数据记入表 2-31 中。

(5)将 U_2 的数值调至+12 V，重复上述第 3 项的测量并记录，数据记入表 2-31 中。

(6)将 R_5(330 Ω)换成二极管 1N4007(即将开关 K_3 投向二极管 1N4007 侧)，重复 1 ~ 5 的测量过程，数据记入表中。

（7）任意按下某个故障设置按键，重复实验内容的测量和记录，再根据测量结果判断出故障的性质。

4. 实验注意事项

（1）用电流插头测量各支路电流或者用电压表测量电压降时，应注意仪表的极性，并应正确判断测得值的 + 、 – 号，记入数据表格。

（2）注意仪表量程的及时更换。

5. 实验报告

1）实训目的

验证线性电路叠加原理的正确性，加深对线性电路的叠加性和齐次性的认识和理解。

2）预习与思考

（1）在叠加原理实验中，要令 U_1、U_2 分别单独作用，应如何操作？可否直接将不作用的电源（U_1 或 U_2）短接置零？

（2）实验电路中，若有一个电阻器改为二极管，试问叠加原理的叠加性和齐次性还成立吗?为什么？

3）实验数据与分析

（1）根据实验数据表格，进行分析、比较、归纳，总结实验结论，即验证线性电路的叠加性与齐次性。

（2）各电阻器所消耗的功率能否用叠加原理计算得出？试用上述实验数据，进行计算并做结论。

（3）通过实验步骤及分析表格的数据，你能得出什么样的结论？

（4）心得体会及其他。

2.2.3 电压源与电流源的等效变换

1. 实验元器件与设备

表 2-32 实验元器件与设备

序号	名称	型号与规格	数量	备注
1	可调直流稳压电源	0 ~ 30 V	1	
2	可调直流恒流源	0 ~ 200 mA	1	
3	直流数字电压表	0 ~ 200 V	1	
4	直流数字毫安表	0 ~ 500 mA	1	
5	万用表		1	自备
6	电阻器	51 Ω，200 Ω，1 kΩ		DGJ-05
7	可调电阻箱	0 ~ 99 999.9 Ω	1	DGJ-05

2. 实验原理及说明

（1）一个直流稳压电源在一定的电流范围内，具有很小的内阻。故在使用中常将它视为一个理想的电压源，即其输出电压不随负载电流而变。其外特性曲线，即其伏安特性曲线 $U=f(I)$ 是一条平行于 I 轴的直线。一个普通恒流源在一定的电压范围内，可视为一个理想的电流源。

（2）一个实际的电压源（或电流源），其端电压（或输出电流）不可能不随负载而变化，因它具有一定的内阻值。故在实训中，用一个小阻值的电阻（或大电阻）与稳压源（或恒流源）相串联（或并联）来模拟一个实际的电压源（或电流源）。

（3）一个实际的电源，就其外部特性而言，既可以看成是一个电压源，又可以看成是一个电流源。若视为电压源，则可用一个理想的电压源 U_s 与一个电阻 R_0 相串联的组合来表示；若视为电流源，则可用一个理想电流源 I_s 与一电导 g_0 相并联的结合来表示。如果有两个电源，他们能向同样大小的电阻提供出同样大小的电流和端电压，则称这两个电源是等效的，即具有相同的外特性。

一个电压源与一个电流源等效变换的条件为

$$I_s = U_s/R_0,\ g_0 = 1/R_0$$

电流源变换为电压源：$U_s = I_sR_0$，$R_0 = 1/g_0$；等效变换原理如图 2-18 所示。

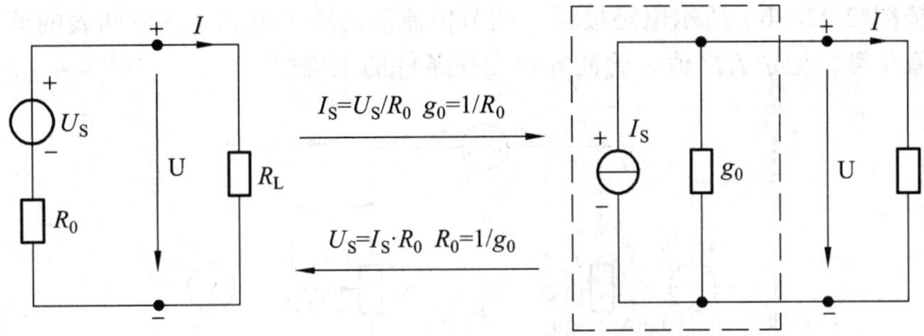

图 2-18　电压源与电流源等效变换

3. 实验内容与步骤

1）测定直流稳压电源与实际电压源的外特性

（1）按图 2-19 所示电路接线。U_S 为+6 V 直流稳压电源。调节 R_2，令其阻值由大至小变化，记录两表的读数，填入表 2-33 中。

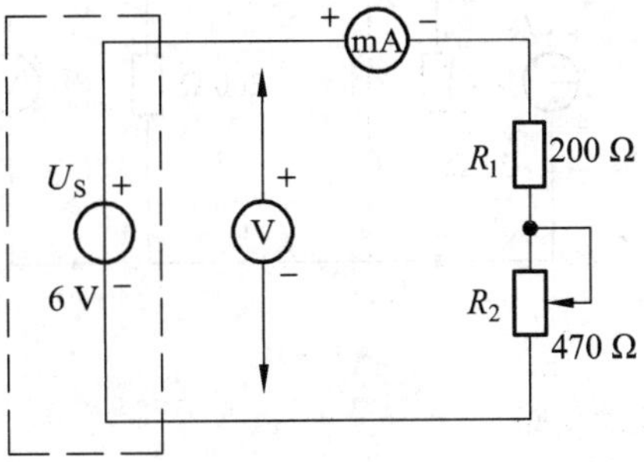

图 2-19　直流稳压电源电路

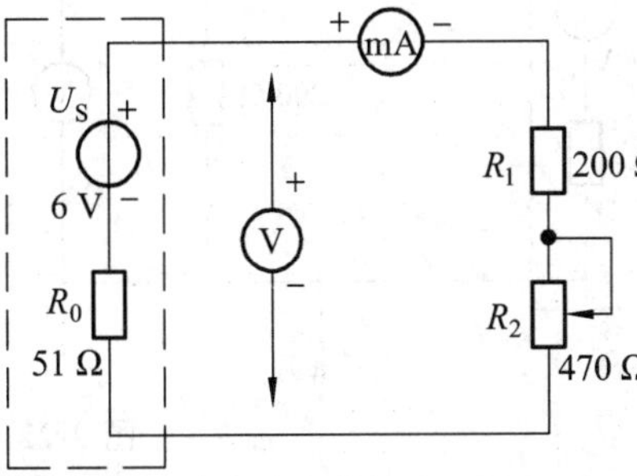

图 2-20　实际电压源电路

表 2-33 测试表

U（V）							
I（mA）							

（2）按图 2-20 所示电路接线，虚拟框部分可模拟为一个实际的电压源。调节 R_2，令其阻值由大至小变化，记录两表的读数，填入表 2-34 中。

表 2-34 测试表

U（V）							
I（mA）							

2）测定电流源的外特性

按图 2-21 所示电路接线，I_s 为直流恒流源，调节其输出为 10 mA，令 R_0 分别为 1 kΩ和∞（即接入和断开），调节电位器 R_L（0 ~ 470 Ω），测出这两种情况下的电压表和电流表的读数。自拟数据表格，记录实验数据。

3）测定电源等效变换的条件

先按图 2-22（a）电路接线，记录电路中两表的读数。然后利用图 2-22（a）中右侧的元件和仪表，按图 2-22（b）所示电路接线。调节恒流源的输出电流 I_s，使两表的读数与 2-22（a）时的数值相等，记录 I_s 之值，验证等效变换条件的正确性。

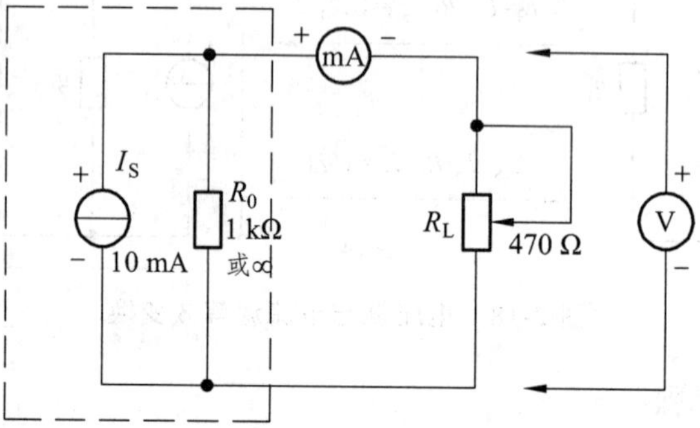

图 2-21 测定电流源外特性

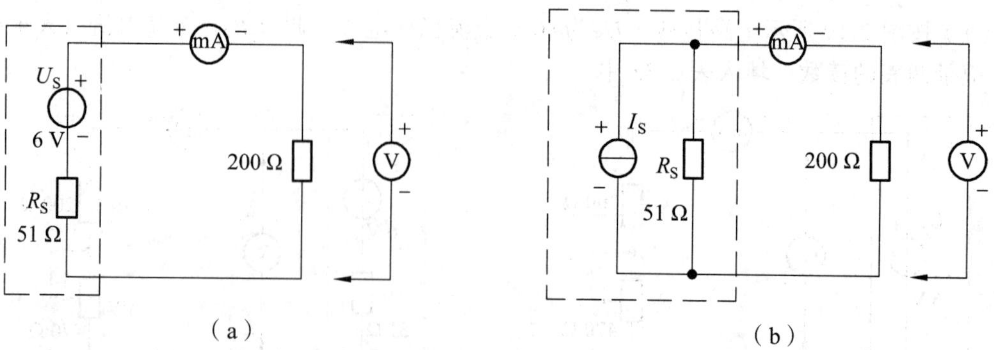

图 2-22 验证等效变换电路

4. 实验注意事项

（1）在测电压源外特性时，不要忘记空载时的电压值，测电流源外特性时，不要忘记测短路时电流值。

（2）换接线路时，必须关闭电源开关。

（3）直流仪表的接入应注意极性与量程。

5. 实验报告与分析

1）实训目的

（1）掌握电源外特性的测试方法。

（2）验证电压源与电流源等效变换的条件。

2）预习与思考

电压源与电流源的外特性为什么呈下降变化趋势，稳压源和恒流源的输出在任何负载下是否保持恒值？

3）实验数据与分析

（1）根据实验数据绘出电源的四条外特性曲线，并总结、归纳各类电源的特性。

（2）从实验结果，验证电源等效变换的条件。

（3）心得体会及其他。

2.2.4 戴维南定理和诺顿定理的验证

——有源二端网络等效参数的测定

1. 实验元器件与设备

表 2-35 实验元器件与设备

序号	名称	型号与规格	数量	备注
1	可调直流稳压电源	0 ~ 30 V	1	
2	可调直流恒流源	0 ~ 200 mA	1	
3	直流数字电压表	0 ~ 200 V	1	
4	直流数字毫安表	0 ~ 500 mA	1	
5	万用表		1	自备
6	可调电阻箱	0-99 999.9 Ω	1	DGJ-05
7	电位器	1 k/2 w	1	DGJ-05
8	戴维南定理实验电路板		1	DGJ-03

2. 实验原理及说明

1）实验原理

任何一个线性含源网络，如果仅研究其中一条支路的电压和电流，则可将电路的其余部分看作是一个有源二端网络（也称为含源一端口网络）。

戴维南定理：任何一个线性有源二端网络，对外电路来说，总可以用一个电压源与一个电阻的串联来等效代替，此电压源的电动势 U_s 等于这个有源二端网络的开路电压 U_{oc}，其等效内阻 R_0 等于该网络中所有独立源均置零（理想电压源视为短接，理想电流源视为开路）时的等效电阻。

诺顿定理：任何一个线性有源网络，总可以用一个电流源与一个电阻的并联组合来等效代替，此电流源的电流 I_s 等于这个有源二端网络的短路电流 I_{SC}，其等效内阻 R_0 定义同戴维南定理。

U_{oc}（U_s）和 R_0 或者 I_{SC}（I_S）和 R_0 称为有源二端网络的等效参数。

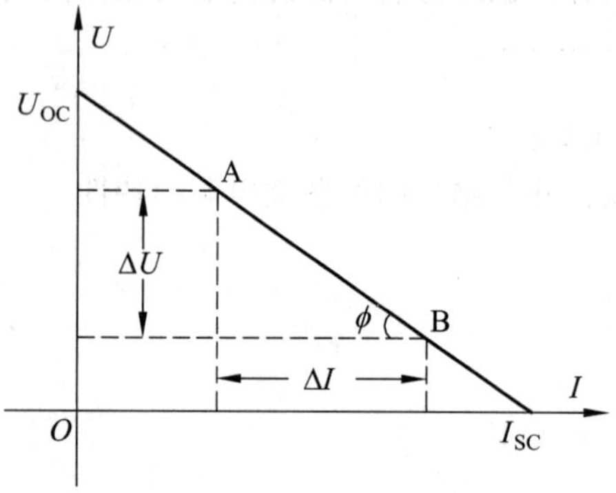

图 2-23　外特性曲线

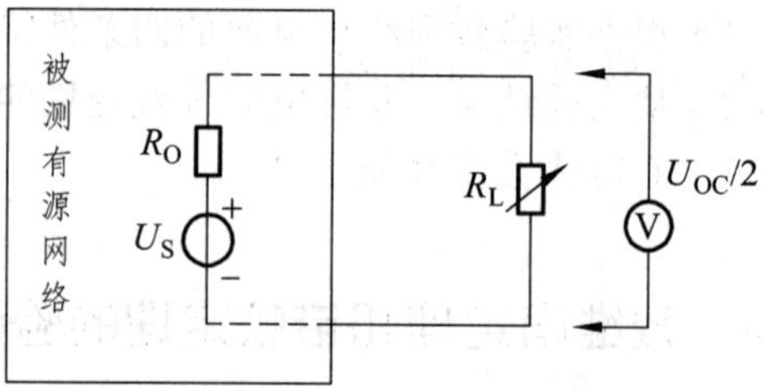

图 2-24　半电压法

2）有源二端网络等有效参数的测量方法

（1）开路电压，短路电流法测 R_0。

在有源二端网络输出端开路时，用电压表直接测其输出端的开路电压 U_{OC}，然后再将其输出端短路，用电流表测其短路电流 I_{SC}，则等效内阻为 $R_0 = \dfrac{U_{OC}}{I_{SC}}$。

如果二端网络的内阻很小，若将其输出端口短路则易损坏其内部元件，因此不宜用此法。

（2）伏安法测 R_0。

用电压表、电流表测出有源二端网络的外特性曲线，如图 2-23 所示，根据外特性曲线求出斜率 $\tan\phi$，则内阻

$$R_0 = \tan\phi = \frac{\Delta U}{\Delta I} = \frac{U_{OC}}{I_{SC}}$$

也可以先测量开路电压 U_{OC}，再测量电流为额定值 I_N 时的输出端电压值 U_N，则内阻为

$$R_0 = \frac{U_{OC} - U_N}{I_N}$$

（3）半电压法测 R_0。

如图 2-24 所示，当负载电压为被测网络开路电压的一半时，负载电阻（由电阻箱的读数确定）即为被测有源二端网络的等效内阻值。

（4）零示法测 U_{oc}。

在测量具有高内阻有源二端网络的开路电压时，用电压表直接测量会造成较大的误差。为了消除电压表内阻的影响，往往采用零示测量法，如图 2-25 所示。

零示法测量原理是用一低内阻的稳压源与被测有源二端网络进行比较，当稳压电源的输出电压与有源二端网络的开路电压相等时，电压表的读书将为“0”。然后将电路断开，测量此时稳压电源的输出电压，即为被测有源二端网络的开路电压。

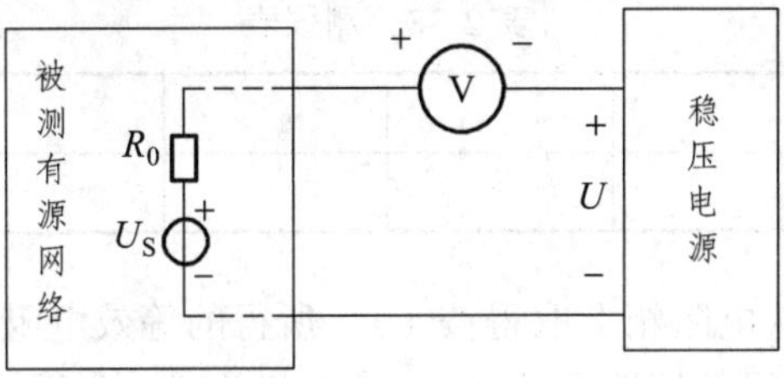

图 2-25　零示测量法

3. 实验内容与步骤

被测有源二端网络如图 2-26（a）所示。

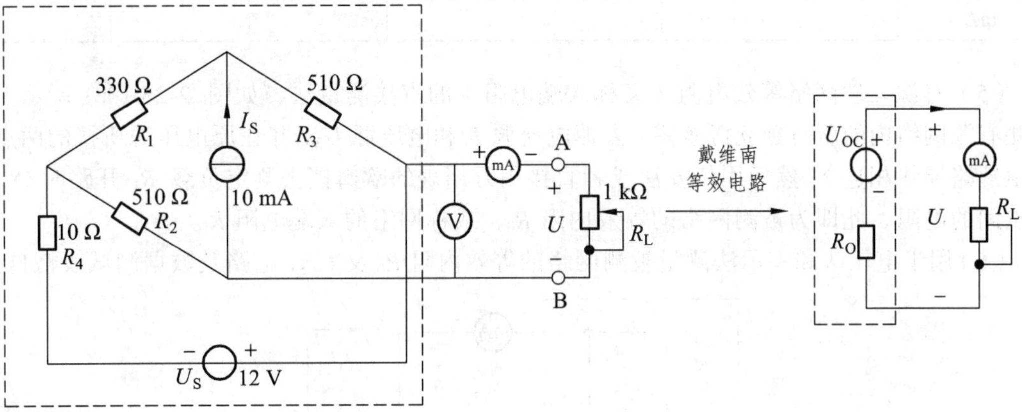

图 2-26　被测有源二端网络与戴维南等效电路

（1）用开路电压、短路电流法测定戴维南等效电路的 U_{oc}、R_0 和诺顿等效电路的 U_{oc}、R_0。按图 2-26（a）接入稳压电源 $U_s = 12$ V 和恒流源 $I_s = 10$ mA，不接入 R_L。测出 U_{oc} 和 I_{sc}，并计算出 R_0（测 U_{oc} 时，不接入 mA 表），填入表 2-36 中。

表 2-36　测试表

U_{oc}（V）	I_{sc}（mA）	$R_0 = U_{oc}/T_{sc}$（Ω）

（2）按图 2-26（a）接入 R_L。改变 R_L 阻值，测量有源二端网络的外特性曲线，填入表 2-37 中。

表 2-37　测试表

U（V）						
I（mA）						

（3）验证戴维南定理：从电阻箱上取得按步骤（1）所得的等效电阻 R_0 之值，然后令其与直流稳压电源（调到（1）时所测得的开路电压 U_{oc} 之值）相串联，如图 2-26（b）所示，仿照（2）测其外特性，对戴氏定理进行验证。测试数据填入表 2-38 中。

表 2-38　测试表

U（V）						
I（mA）						

（4）验证诺顿定理：从电阻箱上取得按（1）所得的等效电阻 R_0 之值，然后令其与直流恒流源（调到（1）时所测得的短路电流 I_{sc} 之值）相并联，如图 2-27 所示，仿照（2）测其外特性，对诺顿定理进行验证。测试数据填入表 2-39 中。

表 2-39　测试表

U（V）						
I（mA）						

（5）有源二端网络等效电阻（又称入端电阻）的直接测量法，如图 2-26（a）所示。将被测有源网络内的所有独立源置零（去掉电流源 I_S 和电压源 U_S，并在原电压源所接的两点用一根短路导线相连），然后用伏安法或者直接用万用表的欧姆挡去测定负载 R_L 开路时 A、B 两点间的电阻，此即为被测网络的等效内阻 R_0，或称网络的入端电阻 R_i。

（6）用半电压法和零示法测量被测网络的等效内阻 R_0 及 U_{oc}，电路及数据测试表格自拟。

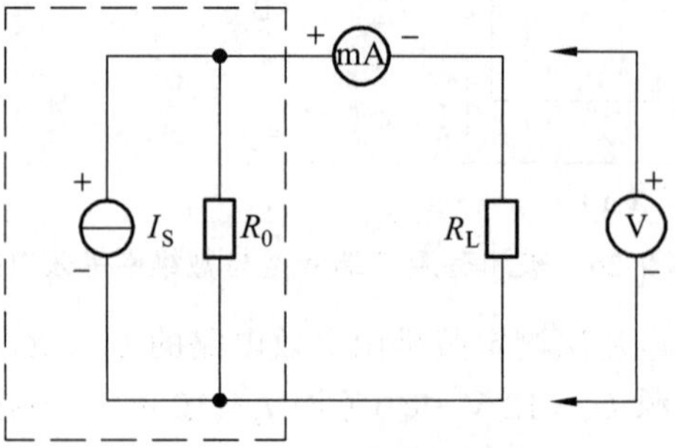

图 2-27　验证诺顿定理

4. 实验注意事项

（1）测量时应注意电流表量程的更换。

（2）实验步骤（5）中，电压源置零时不可将稳压源短接。

（3）用万用表直接测 R_0 时，网络内的独立源必须先置零，以免损坏万用表。其次，欧姆挡必须经调零后再进行测量。

（4）用零示法测量 U_{oc} 时，应先将稳压电源的输出调至接近于 U_{oc}，再按图 2-25 所示进行测量。

（5）改接线路时，要关掉电源。

5. 实验报告与分析

1）实训目的

（1）验证戴维南定理和诺顿定理的正确性，加深对该定理的理解。

（2）掌握测量有源二端网络等效参数的一般方法。

2）预习与思考

（1）在求戴维南或诺顿等效电路时，做短路实验，测 I_{sc} 的条件是什么？在本实验中可否直接做负载短路实验？请实验前对电路 2-26（a）预先做好计算，以便调整实验电路及测量时可准确地选取电表的量程。

（2）说明测有源二端网络开路电压及等效内阻的几种方法，并比较其优缺点。

3）实验数据与分析

（1）根据实验步骤（2），（3），（4）分别绘出曲线，验证戴维南定理和诺顿定理的正确性，并分析产生误差的原因。

（2）根据实验步骤（1），（5），（6）5、6 的几种方法测得的 U_{oc} 与 R_0 与预习时电路计算的结果做比较，能得出什么结论。

（3）归纳、总结实验结果。

（4）心得体会及其他。

2.2.5　最大功率传输条件测定

1. 实验元器件与设备

表 2-40　实验元器件与设备

序号	名称	型号规格	数量	备注
1	直流毫安表	0～500 mA	1	
2	直流电压表	0～200 V	1	
3	直流稳压电源	0～30 V	1	
4	实验线路		1	
5	元件箱		1	DGJ-05

2. 实验原理及说明

1）电源与负载功率的关系

图 2-28 所示可视为由一个电源向负载输送电能的模型，R_0 可视为电源内阻和传输线路电

阻的总和，R_L为可变负载电阻。

负载R_L上消耗的功率P可由下式表示：

$$P = I^2 R_L = \left(\frac{U}{R_0 + R_L}\right)^2 R_L$$

当$R_L = 0$或$R_L = \infty$时，电源输送给负载的功率均为零。而以不同的R_L值代入上式可求得不同的P值，其中必有一个R_L值，使负载能从电源处获得最大的功率。

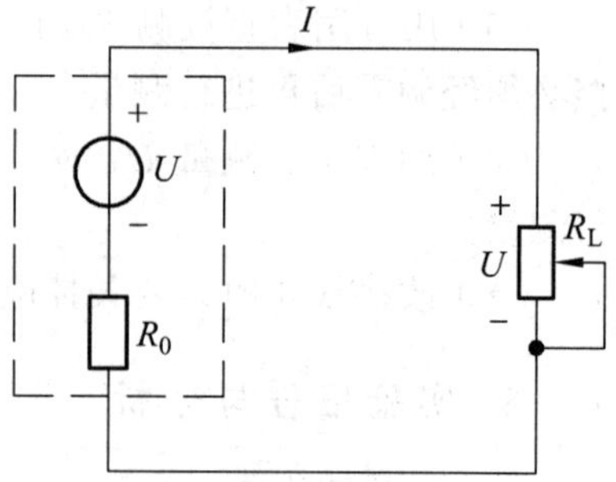

图 2-28　电路模型

2）负载获得最大功率的条件

根据学求最大值的方法，令负载功率表达式中的R_L为自变量，P为应变量，并使$dP/dR_L = 0$，即可求得最大功率传输的条件：

$$\frac{dP}{dR_L} = 0$$

即

$$\frac{dP}{dR_L} = \frac{[(R_0 + R_L)^2 - 2R_L(R_0 + R_L)]U^2}{(R_0 + R_L)^4}$$

令$(R_0 + R_L)^2 - 2R_L(R_0 + R_L) = 0$，解得$R_L = R_0$

当满足$R_L = R_0$时，负载从电源获得的最大功率为

$$P_{MAX} = \left(\frac{U}{R_0 + R_L}\right)^2 R_L = \left(\frac{U}{2R_L}\right) R_L = \frac{U^2}{4R_L}$$

这时，称此电路处于“匹配”工作状态。

3）匹配电路的特点及应用

在电路处于“匹配”状态时，电源本身要消耗一半的功率。此时电源的效率只有 50%。显然，这在电力系统的能量传输过程中是绝对不允许的。发电机的内阻是很小的，电路传输的最主要目的是要保证高效率送电，最好是以 100%的功率传送给负载。为此负载电阻应远大于电源的内阻，即不允许运行在匹配状态。而在电子技术领域里却完全不同。一般的信号源本身功率较小，且都有较大的内阻。而负载电阻（如扬声器等）往往是较小的定值，且希望能从电源获得最大的功率输出，而电源的效率往往不予考虑。通常改变负载电阻，或者在信号源与负载之间增加阻抗变换器（如音频功放的输出级与扬声器之间的输出变压器），使电路处于工作匹配状态，以使负载能获得最大的输出功率。

3. 实验内容与步骤

（1）按图 2-29 所示电路接线，负载R_L取自元件箱 DGJ-05 的电阻箱。

（2）按表 2-41 所列内容，令R_L在 0 ~ 1 kΩ 范围内变化时，分别测出U_O、U_L及I的值，表中U_O、P_O分别为稳压电源的输出电压和功率，U_L、P_L分别为R_L二端的电压和功率，I为电路的电流（注意：在P_L最大值附近应多测几点）。

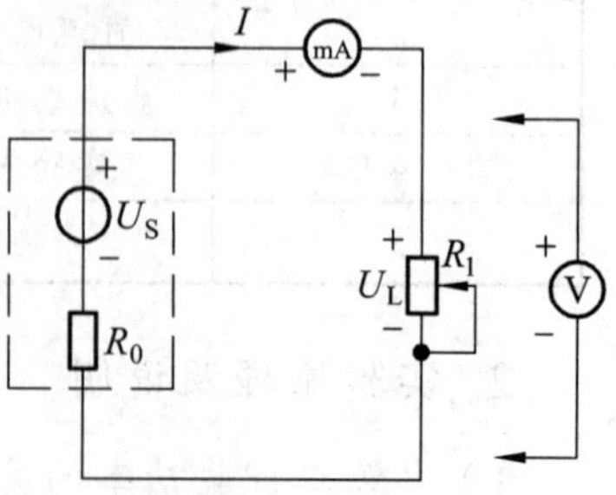

图 2-29　电路模型

表 2-41 测试表

$U_S=6$ V $R_0=51\ \Omega$	R_L		1 K	∞
	U_O			
	U_L			
	I			
	P_O			
	P_L			
$U_S=12$ V $R_0=200\ \Omega$	R_L		1 K	∞
	U_O			
	U_L			
	I			
	P_O			
	P_L			

4. 实验报告

1）实训目的

（1）掌握负载获得最大传输功率的条件。
（2）了解电源输出功率与效率的关系。

2）预习与思考

（1）电力系统进行电能传输时为什么不能工作在匹配工作状态？
（2）实际应用中，电源的内阻是否随负载而变化？
（3）电源电压的变化对最大功率传输的条件有无影响？

3）实验数据与分析

（1）整理实验数据，分别画出两种不同内阻取值时的下列各关系曲线。

$$I \sim R_L,\ U_O \sim R_L,\ P_O \sim R_L,\ P_L \sim R_L$$

（2）根据实训结果，说明负载获得最大功率的条件是什么？

2.2.6 双口网络测试

1. 实训元器件与设备

表 2-42 实训元器件与设备

序号	名称	型号与规格	数量	备注
1	可调直流稳压电源	0 ~ 30 V	1	屏上
2	直流电压表	0 ~ 200 V	1	屏上
3	直流毫安表	0 ~ 2 000 mA	1	屏上
4	实训器件		1	DDZ-11
5	电流插座		2	

2. 实验原理及说明

对于任何一个线性网络，我们所关心的往往只是输入端口和输出端口的电压和电流之间的相互关系，并通过实训测定方法求取一个极其简单的等值双口电路来替代原网络，此即为“黑盒理论”的基本内容。

（1）一个双口网络两端口的电压和电流四个变量之间的关系，可以用多种形式的参数方程来表示。本实训采用输出口的电压 U_2 和电流 I_2 作为自变量，以输入口的电压 U_1 和电流 I_1 作为因变量，所得的方程称为双口网络的传输方程，如图 2-30 所示的无源线性双口网络（又称为四端网络）的传输方程为

$$U_1 = AU_2 + BI_2 , \quad I_1 = CU_2 + DI_2$$

式中的 A、B、C、D 为双口网络的传输参数，其值完全决定于网络的拓扑结构及各支路元件的参数值。这四个参数表征了该双口网络的基本特性，它们的含义是

$$A = \frac{U_{1O}}{U_{2O}} \text{（令 } I_2 = 0\text{，即输出口开路时）}$$

$$B = \frac{U_{1S}}{U_{2S}} \text{（令 } U_2 = 0\text{，即输出口短路时）}$$

$$C = \frac{I_{1O}}{U_{2O}} \text{（令 } I_2 = 0\text{，即输出口开路时）}$$

$$D = \frac{I_{1S}}{I_{2S}} \text{（令 } U_2 = 0\text{，即输出口短路时）}$$

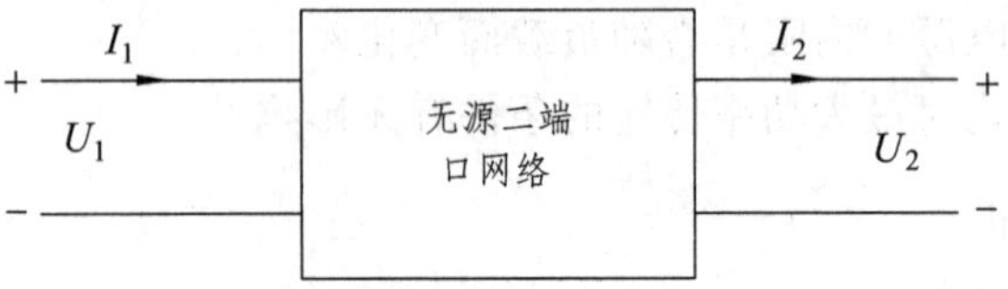

图 2-30 无源线性双口网络

（2）若要测量一条远距离输电线构成的双口网络，采用同时测量法就很不方便。这时可采用分别测量法，即先在输入口加电压，而将输出口开路和短路，在输入口测量电压和电流，由传输方程可得

$$R_{1O} = \frac{U_{1O}}{I_{1O}} = \frac{A}{C} \text{（令 } I_2 = 0\text{，即输出口开路时）}$$

$$R_{1S} = \frac{U_{1S}}{I_{1S}} = \frac{B}{D} \text{（令 } U_2 = 0\text{，即输出口短路时）}$$

然后在输出口加电压，而将输入口开路和短路，测量输出口的电压和电流，则可得

$$R_{2O} = \frac{U_{2O}}{I_{2O}} = \frac{D}{C} \text{（令 } I_1 = 0\text{，即输入口开路时）}$$

$$R_{2S} = \frac{U_{2S}}{I_{2S}} = \frac{B}{A} \text{（令 } U_1 = 0\text{，即输入口短路时）}$$

R_{1O}，R_{1S}，R_{2O}，R_{2S} 分别表示一个端口开路和短路时另一端口的等效输入电阻，这四个参数中只有三个是独立的（因为 $AD-BC=1$）。至此，可求出四个传输参数

$$A=\sqrt{R_{1O}/(R_{2O}-R_{2S})}\text{，}B=R_{2S}A\text{，}C=A/R_{1O}\text{，}D=R_{2O}C$$

（3）双口网络级联后的等效双口网络的传输参数亦可采用前述的方法之一求得。从理论推得两个双口网络级联后的传输参数与每一个参加级联的双口网络的传输参数之间有如下的关系

$$A=A_1A_2+B_1C_2 \quad B=A_1B_2+B_1D_2 \quad C=C_1A_2+D_1C_2 \quad D=C_1B_2+D_1D_2$$

3. 实验内容及步骤

双口网络实训电路如图 2-31 所示，按图连接实训电路；将直流稳压电源的输出电压调到 10V，作为双口网络的输入。

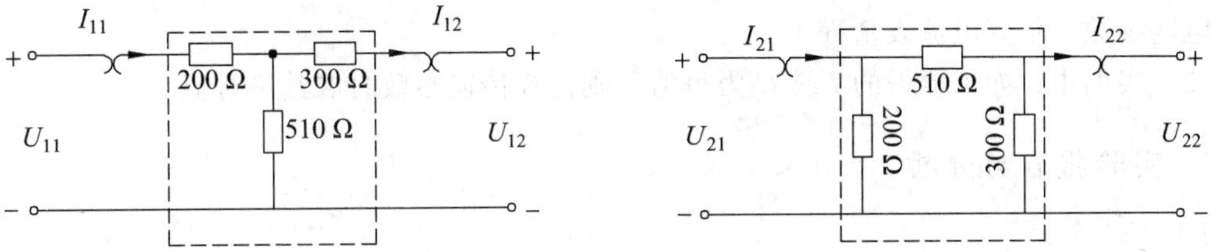

（a）双口网络 I　　　　（b）双口网络 II

图 2-31　双口网络实训电路

（1）用同时测量法分别测定两个双口网络的传输参数 A_1、B_1、C_1、D_1 和 A_2、B_2、C_2、D_2，并列出它们的传输方程。测试结果填入表 2-43 中。

表 2-43　测试表

<table>
<tr><td rowspan="5">二端口网络 I</td><td rowspan="3">输出端开路
$I_{12}=0$</td><td colspan="3">测量值</td><td>计算值</td></tr>
<tr><td>U_{11o}（V）</td><td>U_{12o}（V）</td><td>I_{11o}（V）</td><td rowspan="4">$A_1=$
$B_1=$
$C_1=$
$D_1=$</td></tr>
<tr><td></td><td></td><td></td></tr>
<tr><td rowspan="2">输出端短路
$U_{12}=0$</td><td>U_{11s}（V）</td><td>I_{11s}（mA）</td><td>I_{12s}（mA）</td></tr>
<tr><td></td><td></td><td></td></tr>
<tr><td rowspan="5">二端口网络 II</td><td rowspan="3">输出端开路
$I_{22}=0$</td><td colspan="3">测量值</td><td>计算值</td></tr>
<tr><td>U_{21o}（V）</td><td>U_{22o}（V）</td><td>I_{21o}（mA）</td><td rowspan="4">$A_2=$
$B_2=$
$C_2=$
$D_2=$</td></tr>
<tr><td></td><td></td><td></td></tr>
<tr><td rowspan="2">输出端短路
$U_{22}=0$</td><td>U_{21s}（V）</td><td>I_{21s}（mA）</td><td>I_{22s}（mA）</td></tr>
<tr><td></td><td></td><td></td></tr>
</table>

（2）将两个双口网络级联，即将网络 I 的输出接至网络 II 的输入。用两端口分别测量法测量级联后等效双口网络的传输参数 A、B、C、D，并验证等效双口网络传输参数与级联的两个双口网络传输参数之间的关系。测试数据填入表 2-44 中。

表 2-44　测试表

<table>
<tr><td></td><td colspan="3">输出端开路 $I_2=0$</td><td colspan="3">输出端短路 $U_2=0$</td><td rowspan="3">计算传输参数值</td></tr>
<tr><td rowspan="2">输入端加电压</td><td>U_{1o}（V）</td><td>I_{1o}（mA）</td><td>R_{1O}（kΩ）</td><td>U_{1s}（V）</td><td>I_{1s}（mA）</td><td>R_{1s}（kΩ）</td></tr>
<tr><td></td><td></td><td></td><td></td><td></td><td></td></tr>
<tr><td rowspan="3">输出端加电压</td><td colspan="3">输入端开路 $I_1=0$</td><td colspan="3">输入端短路 $U_1=0$</td><td rowspan="3">$A=$
$B=$
$C=$
$D=$</td></tr>
<tr><td>U_{2o}（V）</td><td>I_{2o}（mA）</td><td>R_{2o}（kΩ）</td><td>U_{2s}（V）</td><td>I_{2s}（mA）</td><td>R_{2s}（kΩ）</td></tr>
<tr><td></td><td></td><td></td><td></td><td></td><td></td></tr>
</table>

4. 实训注意事项

（1）用电流插头插座测量电流时，要注意判别电流表的极性及选取适合的量程（根据所给的电路参数，估算电流表量程）。

（2）实训中，如果测得的 I 或 U 为负值，则计算传输参数时取其绝对值。

5. 实验报告与分析

1）实验目的

（1）加深理解双口网络的基本理论。

（2）掌握直流双口网络传输参数的测量技术。

2）预习与思考

（1）试述双口网络同时测量法与分别测量法的测量步骤、优缺点及其适用情况。

（2）本实训方法可否用于交流双口网络的测定？

3）实验数据与分析

（1）完成对数据表格的测量和计算任务。

（2）列写参数方程。

（3）验证级联后等效双口网络的传输参数与级联的两个双口网络传输参数之间的关系。

（4）总结、归纳双口网络的测试技术。

（5）心得体会及其他。

2.2.7 负阻抗变换器

1. 实验元器件与设备

表 2-45　实验元器件与设备

序号	名称	型号与规格	数量	备注
1	可调直流稳压器	0～30 V	1	
2	低频信号发生器		1	

续表

序号	名称	型号与规格	数量	备注
3	直流数字电压表	0 ~ 200 V	1	
4	直流数字毫安表	0 ~ 500 mA	1	
5	交流毫伏表	0 ~ 600 V	1	
6	双踪示波器		1	自备
7	可变电阻箱	0 ~ 99 999.9 Ω	1	DGJ-05
8	电容器	0.1 μF	1	DGJ-08
9	线性电感	100 mH	1	DGJ-08
10	电阻器	200 Ω，1 kΩ	1	DGJ-08
11	负阻抗变换器实验电路板	INIC		DGJ-08

2. 实验原理及说明

（1）负阻抗是电路理论中的一个重要基本概念，在工程实践中有广泛的应用。有些非线性元件（如隧道二极管）在某个电压或电流范围内具有负阻抗特性。除此之外，一般都由一个有源双口网络来形成一个等效的线性负阻抗。该网络由线性集成电路或晶体管等元件组成，这样的网络称作负阻抗变换器。

按有源网络输入电压电流与输出电压电流的关系，负阻抗变换器可分为电流倒置型和电压倒置型两种（INIC 及 VNIC），如图 2-32 所示。

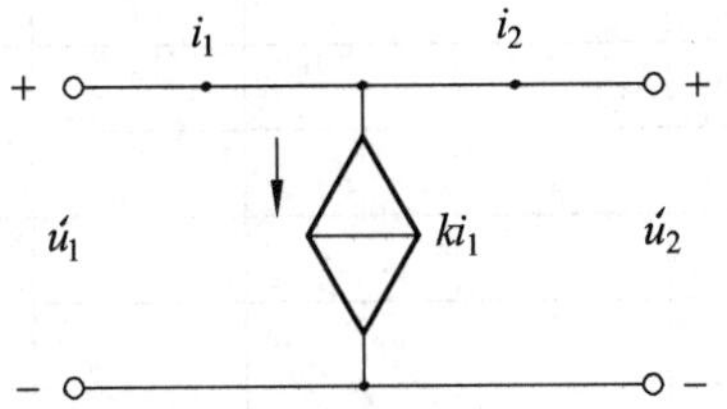

（a）INIC

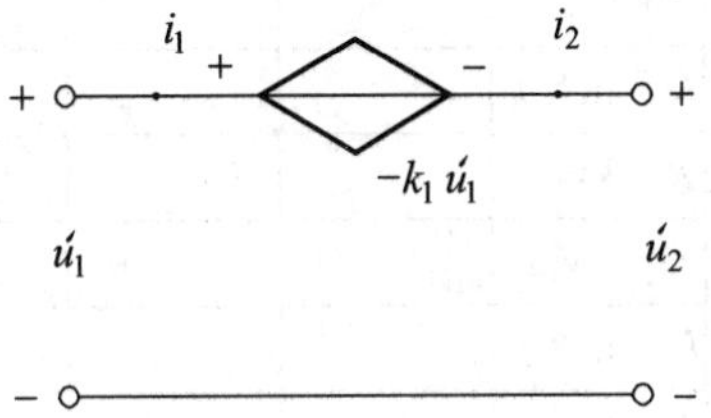

（b）VNIC

图 2-32　负阻抗变换器分类

在理想情况下，负阻抗变换器的电压，电流关系为

INIC 型：$U_2 = U_1$，$I_2 = kI_1$（k 为电流增益）

VNIC 型：$U_2 = -\mathrm{k}_1U_1$，$I_2 = -I_1$（k 为电压增值）

（2）本实验用线性运算放大器组成如图 2-32 所示的 INIC 电路，在一定的电压、电流范围内可获得良好的线性度。

根据运放理论可知

$$\dot{U}_1 = \dot{U}_+ = \dot{U}_- = \dot{U}_2$$

又

$$\dot{I}_5 = \dot{I}_6 = 0,\ \dot{I}_1 = \dot{I}_3,\ \dot{I}_2 = -\dot{I}_4,\ Z_i = \frac{\dot{U}_1}{\dot{I}_1},\ \dot{I}_3 = \frac{U_1 - U_3}{Z_1},\ \dot{I}_4 = \frac{\dot{U}_3 - \dot{U}_2}{Z_2} = \frac{\dot{U}_3 - \dot{U}_1}{Z_2}$$

所以

$$\dot{I}_4 Z_2 = -\dot{I}_3 Z_1,\quad -\dot{I}_2\ Z_2 = -\dot{I}_1 Z_1$$

$$\frac{\dot{U}_2}{Z_L}\cdot Z_2=-\dot{I}_1 Z_1$$

$$\frac{\dot{U}_2}{\dot{I}_1}=\frac{U_1}{I_1}=Z_i=-\frac{Z_1}{Z_2}\cdot Z_L=-kZ_L\text{（令 }k=\frac{Z_1}{Z_2}\text{）}$$

当 $Z_1=R_1=R_2=Z_2=1\ \text{k}\Omega$ 时，$k=\frac{Z_1}{Z_2}=\frac{R_1}{R_2}=1$

（1）若 $Z_L=R_L$ 时，$Z_i=-kZ_L=-R_L$

（2）若 $Z_L=\frac{1}{j\omega C}$ 时，$Z_i=-kZ_L=-\frac{1}{j\omega C}=j\omega L$（令 $L=\frac{1}{\omega^2 C}$）

（3）若 $Z_L=j\omega L$ 时，$Z_j=-kZ_L=-j\omega L=\frac{1}{j\omega C}$（令 $C=\frac{1}{\omega^2 L}$）

（2）（3）两项表明，负阻抗变换器可实现容性阻抗和感性阻抗的互换。

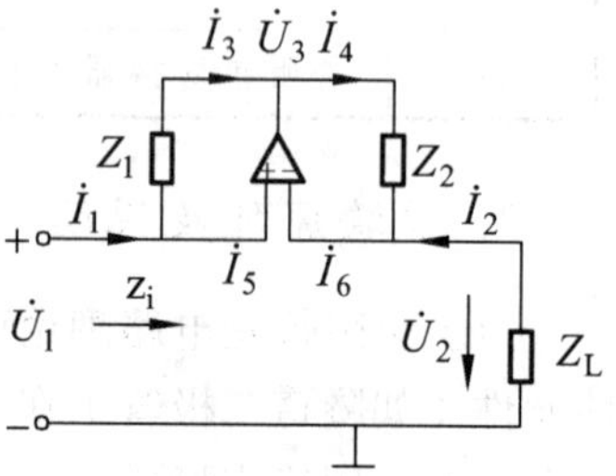

图 2-33　实验电路

3. 实验内容与步骤

1）测量负电阻的伏安特性

计算电流增益 k 及等值负阻。实验电路参见图 2-33。将实验挂箱 INIC 实验板右下部的二个插孔短接。U_1 接直流可调稳压电源，Z_L 接 DGJ-05 挂箱上的电阻箱。

表 2-46　测试表

R_L = 300 Ω	U_1（V）								
	I_1（mA）								
	R（kΩ）								
R_L = 600 Ω	U_1（V）								
	I_1（mA）								
	R（kΩ）								

（1）取 $R_L=300\ \Omega$（取自电阻箱）。测量不同 U_1 时的 I_1 值。U_1 取 0.1 ~ 1 V（非线性部分应多测几点，下同。）

（2）令 $R_L=600\ \Omega$，重复上述的测量（U 取 0.1 ~ 2.0 V）。

（3）计算等效负阻和电流增益。

（4）绘制负阻的伏安特性曲线 $U_1=f(I_1)$

2）阻抗变换及相位观察

电路如图 2-34 所示。图中 b、c 即为 DGJ_08 挂箱上 INIC 线路板左下部的两个插孔。接线时，信号源的高端接 a，低（“地”）端接 b，双踪示波器的“地”端接 b，Y_A、Y_B 分别接 a，c。图中的 R_S 为电流取样电阻。因为电阻两端的电压波形与流过电阻的电流波形相同，所以

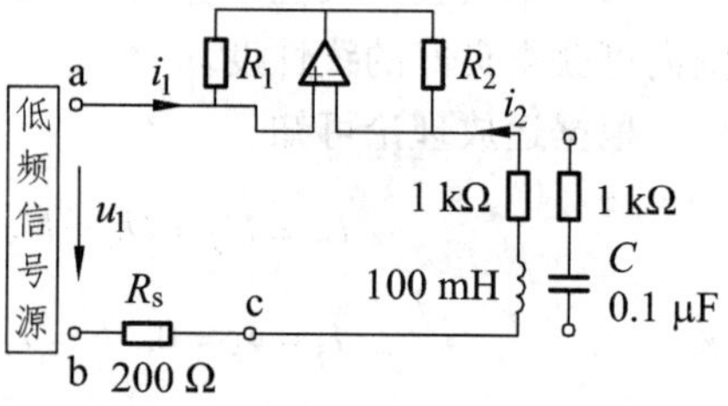

图 2-34　实验电路

用示波器观察 R_S 上的电压波形就反映了电流 I_1 的相位。

（1）调节低频信号使 $U_1 \leqslant 3$ V，改变信号源频率 $f = 500 \sim 2\ 000$ Hz，用双踪示波器观察 U_1 与 I_1 的相位差，判断是否具有容抗特征。

（2）用 0.1 μF 的电容 C 代替 L，重复（1）的观察，是否具有感抗特征。

4. 实训注意事项

本实验内容的接线较多，应仔细检查，特别是信号源与示波器的低端不可接错。

5. 实验报告与分析

1）实训目的

（1）加深对负阻抗概念的认识，掌握对含有负阻抗电路的分析研究方法。

（2）了解负阻抗变换器的组成原理及其应用。

（3）掌握负阻抗的各种测试方式。

2）实验报告

（1）完成计算与绘制特性曲线。

（2）总结对 INIC 的认识。

（3）心得体会及其他。

2.2.8　回转器

1. 实验元器件及设备

表 2-47　实验元器件及设备

序号	名称	型号与规格	数量	备注
1	低频信号发生器		1	
2	交流毫伏表	0 ~ 600 V	1	
3	双踪示波器		1	自备
4	可变电阻箱	0 ~ 99 999.9 Ω	1	DGJ-05
5	电容器	0.1 μF，1 μF	1	DGJ-08
6	电阻器	1 kΩ	1	DGJ-08
7	回转器实验电路板	G	1	DGJ-08

2. 实验原理及说明

（1）回转器是一种有源非互易的新型两端口网络元件，电路符号及其等效电路如图 2-35（a）、（b）所示。

理想回转器的导纳方程如下

$$\begin{vmatrix} I_1 \\ I_2 \end{vmatrix} = \begin{vmatrix} 0 & g \\ -g & 0 \end{vmatrix} \begin{vmatrix} u_1 \\ u_2 \end{vmatrix}，\text{或写成 } i_1 = g_{u2}，\ i_2 = -g_{u1}$$

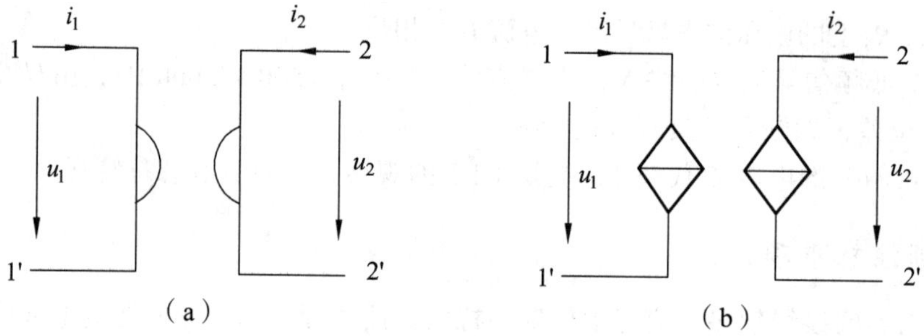

图 2-35　回转器

也可写成电阻方程

$$\begin{vmatrix} u_1 \\ u_2 \end{vmatrix} = \begin{vmatrix} 0 & -R \\ R & 0 \end{vmatrix} \begin{vmatrix} i_1 \\ i_2 \end{vmatrix}$$，或写成 $u1 = -Ri2$， $u2 = Ri1$，

式中，g 和 R 分别称为回转电导和回转电阻，统称为回转常数。

（2）若在 2-2′端接一电容负载 C，则从 1-1′端看进去就相当于一个电感，即回转器能把一个电容元件“回转”成一个电感元件；相反也可以把一个电感元件“回转”成一个电容元件，所以也称为阻抗逆变器。

2-2′端接有 C 后，从 1-1′端看进去的导纳 Y_1 为

$$Y_1 = \frac{i_1}{u_1} = \frac{gU_2}{-i_2/g} = \frac{-g^2U_2}{i_2}$$

因为

$$\frac{u_2}{i_2} = -Z_L = \frac{1}{j\omega C}$$

故

$$Y_1 = g^2 / j\omega C = \frac{1}{j\omega L}$$

回转器能把电容元件“回转”成一个电感元件，其中：$L = \dfrac{C}{g^2}$ 为等效电感。

（3）由于回转器有阻抗逆变作用，在集成电路中得到重要的应用。因为在集成电路制造中，制造一个电容元件比制造电感元件容易得多，我们可以用一带有电容负载的回转器来获得数值较大的电感。

如图 2-36 所示为运算放大器组成的回转器电路图。

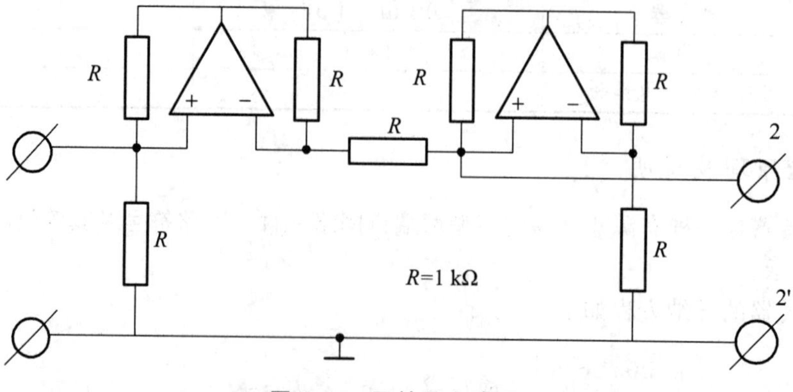

图 2-36　回转器电路图

3. 实验内容与步骤

实验电路如图 2-37 所示。R_s 跨接于 DGJ-08 挂箱中 G 线路板左下部的二个插孔间。

（1）在图 2-37 的 2-2′端接纯电阻负载（电阻箱），信号源频率固定在 1 kHz，信号源电压 ≤3 V。

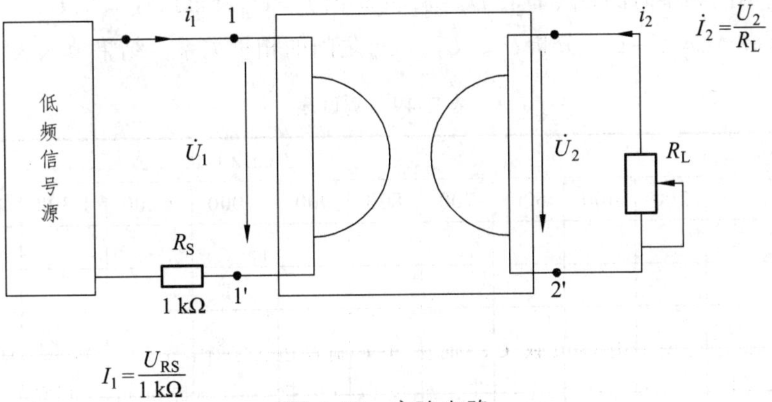

图 2-37　实验电路

用交流毫伏表测量不同负载电阻 R_l 时的 U_1、U_2 和 U_{RS}，并计算相应的电流 I_1、I_2 和回转常数 g，一并记入表 2-48 中。

表 2-48　测试表

$R_L(\Omega)$	测量值			计算值				
	U_1(V)	U_2(V)	U_{RS}(V)	I_1(mA)	I_2(mA)	$g'=\frac{I_1}{U_2}$	$g''=\frac{I_2}{U_1}$	$g=\frac{g'+g''}{2}$
500								
1 k								
1.5 k								
2 k								
3 k								
4 k								
5 k								

（2）用双踪示波器观察回转器输入电压和输入电流之间的相位关系。按图 2-38 所示接线。信号源的高端接 I 端，低（“地”）端接 M，示波器的地端接 M，Y_A、Y_B 分别接 1（为电压波形）、1′（为电流波形）端。

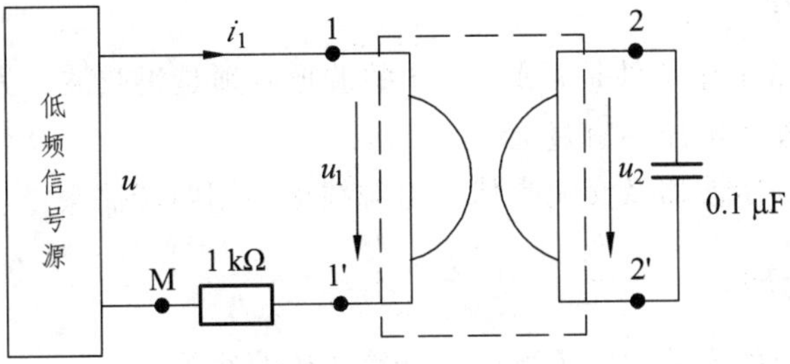

图 2-38　观察输入电压和输入电流相位关系

在 2-2′端接电容负载 $C=0.1\ \mu F$，取信号电压 $U \leqslant 3\ V$，频率 $f=1\ KHz$。观察 i_1 与 u_1 之间的相位关系，是否具有感抗特征。

（3）测量等效电感。

电路如图 3-38 所示（不接示波器）。取低频信号源输出电压 $U \leqslant 3\ V$，并保持恒定。用交流毫伏表测量不同频率时的 U_1、U_2、U_R 值，并算出 $I_1=U_R/1\ k\Omega$，$g=I_1/U_2$，$L'=U_1/(2\pi f I_1)$，$L=C/g^2$ 及误差 $\Delta L=L'-L$，分析 U、U_1、U_R 之间的相量关系。结果填入表 2-49 中。

表 2-49　测试表

测试参数	频率 f（Hz）										
	200	400	500	700	800	900	1 000	1 200	1 300	1 500	2 000
$U_1(V)$											
$U_2(V)$											
$U_R(V)$											
$I_1(mA)$											
$g\left(\frac{1}{\Omega}\right)$											
$L'(H)$											
$L(H)$											
$\Delta L=L'-L(H)$											

（4）用模拟电感组成 R、L、C 并联谐振电路。

用回转器作为电感，与电容器 $C=1\ \mu F$ 构成并联谐振电路，如图 2-39 所示。取 $U \leqslant 3V$ 并保持恒定，在不同频率时用交流毫伏表测量 1-1′ 端的电压 U_1，并找出谐振频率。

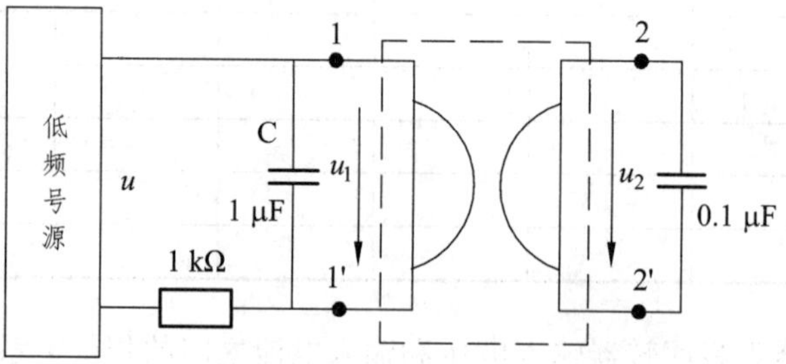

图 2-39　回转器作电感组成并联谐振电路

4. 实验注意事项

（1）回转器的正常工作条件是 u 或 u_1、i_1 的波形必须是正弦波，为避免运放进入饱和状态使波形失真，所以输入电压不宜过大。

（2）实验过程中，示波器及交流毫伏表电源线应使用两端插头。

5. 实验报告与分析

（1）完成各项规定的实验内容（测试、计算、绘曲线等）。

（2）从各实验结果中总结回转器的性质、特点和应用。

2.3　常用电工元器件检测

2.3.1　电阻器识别与检测

1. 实验原理及说明

（1）电阻的定义。导体对电流呈现的阻碍作用称为电阻。在电路中，起电阻作用的元件称为电阻器，它由电阻的主体及其引线构成，用字母 R 表示，其基本单位是欧姆（Ω），常用单位有千欧（kΩ）、兆欧（MΩ）等。常用电阻器的外形结构及电路符号如图 2-40 所示。

（2）电阻器的作用。电阻器是耗能元件，它吸收电能并把电能转换成其他形式的能量。在电路中，电阻器主要有分压、分流、负载（能量转换）等作用。

（3）电阻器的分类。

按电阻器的制作材料来分，可分为金属膜电阻器、碳膜电阻器、合成膜电阻器等。

按电阻器的数值能否变化来分，可分为固定电阻器、可变电阻器（电阻值变化范围小）、电位器（电阻值变化范围大）等。

按电阻器的用途来分，可分为高频电阻器、高温电阻器、光敏电阻器、热敏电阻器等。

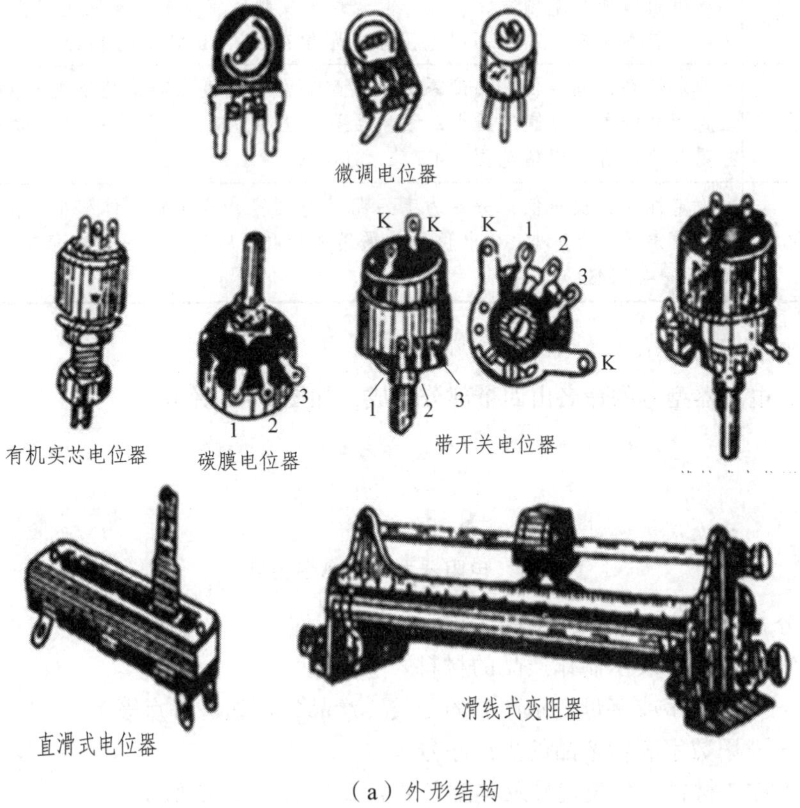

（a）外形结构

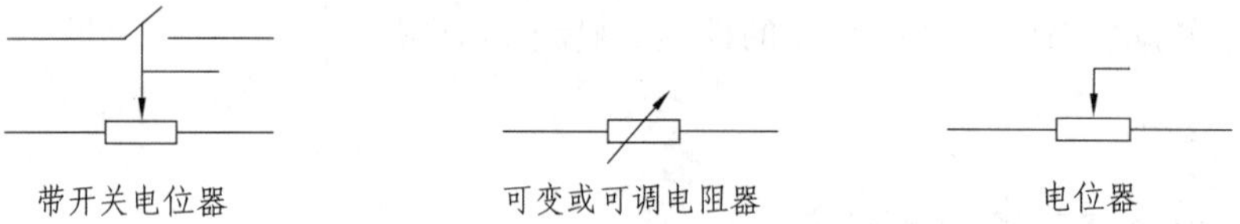

（b）电路符号

图 2-40　常用电阻器的外形结构及电路符号

常用电阻器的性能特点如表 2-50 所示。

表 2-50　常用电阻器的性能特点

电阻器名称	电阻器的性能与特点
碳膜电阻（RT）	稳定性高，噪声低，应用广泛。阻值范围：1 Ω ~ 10 MΩ。
金属膜电阻（RJ）	体积小，稳定性高，噪声低，温度系数小，耐高温，精度高，但脉冲负载稳定性差。阻值范围：1 Ω ~ 620 MΩ。
线绕电阻（RX）	稳定性高，噪声低，温度系数小，耐高温，精度很高，功率大（可达 500 W），但高频性能差，体积大，成本高。阻值范围：0.1 Ω ~ 5 MΩ。
金属氧化膜电阻	除具有金属膜电阻的特点外，它比金属膜电阻的抗氧化性和热稳定性高，功率大（可达 50 kW），但阻值范围小，主要用来补充金属膜电阻器的低阻部分。阻值范围：1 Ω ~ 200 kΩ
合成实芯电阻（RS）	机械强度高，过负载能力较强，可靠性较高，体积小，但噪声较高，分布参数（L、C）大，对电压和温度的稳定性差。阻值范围：4.7 Ω ~ 22 MΩ
合成碳膜电阻	电阻阻值变化范围宽，价廉，但噪声大，频率特性差，电压稳定性差，抗湿性差，主要用来制造高压高阻电阻器。阻值范围：10 MΩ ~ 100 kΩ
线绕电位器（WX）	稳定性高，噪声低，温度系数小，耐高温，精度很高，功率较大（达 25 W），但高频性能差，阻值范围小，耐磨性差，分辨力低，适用于高温大功率电路及精密调节的场合。阻值范围：4.7 Ω ~ 100 kΩ
合成碳膜电位器	稳定性高，噪声低，分辨力高，阻值范围宽，寿命长，体积小，但抗湿性差，滑动噪声大，功率小，该电位器为通用电位器，广泛用于一般电路中。阻值范围：100 Ω ~ 4.7 MΩ

（4）电阻器的命名方法。

根据国标，电阻器型号的命名由四个部分组成，如图 2-41 所示。

第一部分	第二部分	第三部分	第四部分
主称	材料	分类	序号

图 2-41　电阻器型号的命名方法

其中：第一部分 ——用字母表示产品的主称。

第二部分 ——用字母表示制作产品的材料。

第三部分 ——用数字或字母表示产品的分类（产品的用途、特点等）。

第四部分 ——用数字表示产品的生产序号。

电阻器的主称、材料、分类代号及其意义如表 2-51、表 2-52 所示。

表 2-51 电阻器型号的命名方法的含义

第一部分		第二部分		第三部分		
主称		材料		分类（用途、特点）		
符号	意义	符号	意义	符号	意义	
					电阻器	电位器
R	电阻器	T	碳膜	1	普通	普通
W	电位器	H	合成膜	2	普通	普通
M	敏感电阻器	S	有机实芯	3	超高频	—
		N	无机实芯	4	高阻	—
		J	金属膜	5	高温	—
		Y	氧化膜	6	—	—
		C	沉积膜	7	精密	精密
		I	玻璃釉膜	8	高压	特殊函数
		X	线绕	9	特殊	特殊
				G	高功率	—
				T	可调	—
				X	—	小型
				W	—	微调
				D	—	多圈

表 2-52 敏感电阻器型号命名方法中材料、分类的含义

材料		分类				
符号	意义	符号	意义			
			负温度系数	正温度系数	光敏电阻器	压敏电阻器
F	负温度系数热敏材料	1	普通	普通		碳化硅
Z	正温度系数热敏材料	2	稳压	稳压		氧化锌
G	光敏材料	3	微波			氧化锌
Y	压敏材料	4	旁热		可见光	
D	湿敏材料	5	测温	测温	可见光	
C	磁敏材料	6	微波		可见光	
L	力敏材料	7	测量			
Q	气敏材料					

例如，RJ21 为普通金属膜固定电阻器；WX52 为高温线绕电位器。

2. 电阻器的主要性能参数和识别方法

1）电阻器的主要性能参数

（1）标称阻值与允许偏差。

电阻器的标称阻值是指电阻器上所标注的阻值，是电阻器生产的规定值。电阻器的阻值通常是按照国家标准 GB2471-81《电阻器标称阻值系列》中的规定进行生产的。表 2-53 所示为通用电阻器的标称阻值系列。

电阻器的标称阻值为表 2-53 所列数值的倍数。以系列中的标称值 1.5 为例，它所对应的电阻器的标称阻值可为 1.5 Ω、15 Ω、150 Ω、1.5 kΩ、15 kΩ、150 kΩ或 1.5 MΩ等，其他系列以此类推。

表 2-53　通用电阻器的标称阻值系列

标称系列名称	偏差	电阻器的标称阻值
E24	Ⅰ级 ±5%	1.0，1.1，1.2，1.3，1.5，1.6，1.8，2.0，2.2，2.4
		2.7，3.0，3.3，3.6，3.9，4.3，4.7，5.1，5.6，6.2
		6.8，7.5，8.2，9.1
E12	Ⅱ级 ±10%	1.0，1.2，1.5，1.8，2.2，2.7，3.3，3.9，4.7，5.6
		6.8，8.2
E6	Ⅲ级 ±20%	1.0，1.5，2.2，3.3，4.7，6.8

在电路图中，为了简便起见，凡是阻值在 1 000 Ω以下的电阻，可不标 Ω 的符号，凡是阻值在 1 kΩ 以上、1 MΩ以下的电阻，其阻值后只需加 k 的符号，1 MΩ以上的电阻，其阻值后只需加 M 的符号。例如，150 Ω的电阻可简写为 150；3 600 Ω的电阻可简写为 3.6 k；2 200 000 Ω 的电阻可简写为 2.2 M。

在电阻器的生产过程中，由于所用材料、设备和工艺等诸方面的原因，厂家生产出的电阻器与标称阻值存在一定的偏差，因而把标称阻值与实际阻值之间允许的最大偏差范围叫作电阻器的允许偏差，又称电阻器的允许误差。

$$\text{电阻器的允许偏差}=\frac{\text{标称阻值}-\text{实际阻值}}{\text{标称阻值}}\times 100\%$$

通用电阻器的阻值偏差分为三级；Ⅰ级精度即允许 ±5%的偏差，Ⅱ级精度即允许 ±10%的偏差，Ⅲ级精度即允许 ±20%的偏差。如表 2-53 所示。

用字母符号表示偏差时各符号的含义如表 2-54 所示。

表 2-54　允许偏差的文字符号表示

	对称偏差										不对称偏差		
标志符号	H	U	W	B	C	D	F	G	J	K	M	R	S	Z
允许偏差值	±0.01	±0.02	±0.05	±0.1	±0.2	±0.5	±1	±2	±5	±10	±20	+100 −10	+50 −20	+80 −20

（2）额定功率。

电阻器的额定功率是指在产品标准规定的大气压和额定温度下，电阻器所允许承受的最大功率，因此又称为电阻器的标称功率，其单位为瓦（W）。

对于同一类型的电阻来说，体积越大，其额定功率越大。实际使用过程中，若电阻器实际功率超过额定功率，会造成电阻器过热而烧坏。

常用的电阻标称功率有：1/16 W、1/8 W、1/4 W、1/2 W、1 W、2 W、3 W、5 W、10 W、20 W 等。

（3）温度系数。

温度每变化 1 °C 时，引起电阻器的相对变化量称为电阻器的温度系数，用 a 表示。

$$\alpha = (R_2 - R_1) / R_1(t_2 - t_1)$$

式中，R_1 是温度为 t_1 时的电阻值，R_2 是温度为 t_2 时的电阻值。

温度系数 a 可正、可负。温度升高，电阻值增大，称该电阻器具有正的温度系数；温度升高，电阻值减小，称该电阻器具有负的温度系数。温度系数越小，电阻器的稳定度越高。

2）电阻器参数的识别方法

电阻器的主要参数（标称阻值与允许偏差）通常标注在电阻器上，常用的方法有:

（1）直标法。

用阿拉伯数字和文字符号在电阻器上直接标出其主要参数的标示方法称为直标法。如图 2-42 所示，其电阻值为 2.7 kΩ，偏差为 ± 10%。若电阻器上未标注偏差，则默认为 20%的误差。一般功率较大的电阻还会在电阻器上标出额定功率的大小。

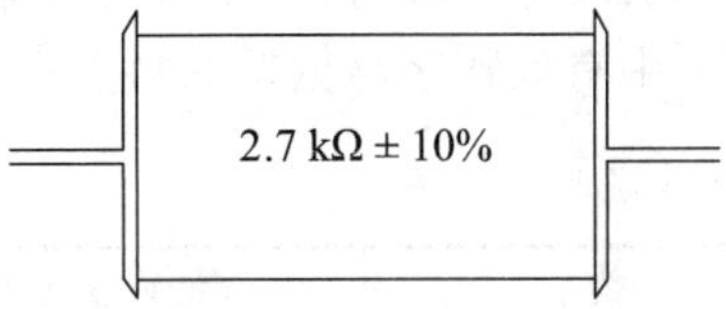

图 2-42　直标法

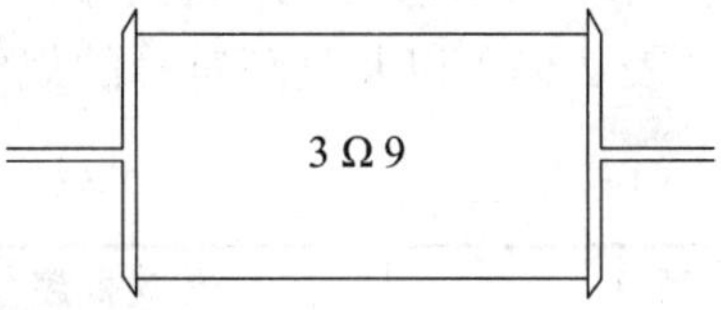

图 2-43　文字符号法

（2）文字符号法。

用阿拉伯数字和文字符号进行有规律的组合，在电阻器上标出主要参数的方法称为文字符号法。

该方法具体表现为用文字符号表示电阻的单位（R 或 Ω表示 Ω、k 表示 kΩ、M 表示 MΩ 等），电阻值（用阿拉伯数字表示）的整数部分写在阻值单位的前面，电阻值的小数部分写在阻值单位的后面。如图 2-43 所示，其电阻值为 3.9 Ω。

例　用文字符号法表示 0.12 Ω、1.2 Ω、1.2 kΩ、1.2 MΩ 等电阻器。

解：0.12 Ω的文字符号表示为 R12；

1.2 Ω的文字符号表示为 1R2；

1.2 kΩ的文字符号表示为 1K2；

1.2 MΩ的文字符号表示为 1M2；

（3）数码表示法。

用三位数码表示电阻器阻值的方法称为数码表示法。数码按从左到右的顺序，第一、第二位为电阻的有效值，第三位为乘数（即零的个数，电阻器的单位符号是 Ω）。偏差用文字符号表示，如表 2-54 所示。

例　解释下列用数码表示法标示的电阻器的含义 102J、756K。

解：102J 的电阻值为 $10 \times 10^2\ \Omega$，J 表示该电阻的允许误差为 ± 5%。

756K 的电阻值为 75 MΩ，K 表示该电阻的允许误差为 ± 10%。

（4）色标法。

用不同颜色的色环表示电阻器主要参数的标志方法称为色标法。在小型电阻器上用得较多。色标法常用四色标法和五色标法两种，如图 2-44 所示。

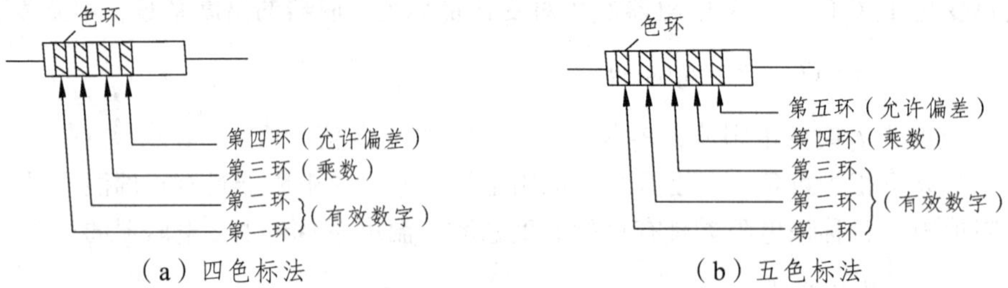

图 2-44　电阻器的色标法

其具体含义规定如下：

四色标法规定为第一、二环是有效数值，第三环是乘数，第四环是允许偏差。

五色标法规定为第一、二、三环是有效数值，第四环是乘数，第五环是允许偏差。

注意：读色码的顺序规定为，更靠近电阻器引线的色环为第一环，离电阻器引线远些的色环为最后的环（即偏差环）；若两端色环离电阻体两端引线等距离时，可借助于电阻的标称值系列（见表 2-53）以及色环符号的规定（见表 2-55）中有效数字与偏差的特点来判断。

表 2-55　色环颜色与含义的说明

颜色	有效数字	乘数	允许偏差%
银色	—	10^{-2}	±10
金色	—	10^{-1}	±5
黑色	0	10^{0}	—
棕色	1	10^{1}	±1
红色	2	10^{2}	±2
橙色	3	10^{3}	—
黄色	4	10^{4}	—
绿色	5	10^{5}	±0.5
蓝色	6	10^{6}	±0.25
紫色	7	10^{7}	±0.1
灰色	8	10^{8}	—
白色	9	10^{9}	+50，-20
无色	—	—	±20

例　如图 2-45 所示，读出（a）、（b）两图色环电阻的参数。

解：图中，由于两端色环离电阻器的引线等距离，由表 2-55 可知，（a）图中银色只代表误差，不能表示有效数字，因而棕色为第一环，银色是最后一环，由此得出该色环电阻的有效色环是棕（1）、黑（0），乘数环是红环（$\times10^2$），误差环是银环（$\pm10\%$），即该色环电阻为 $10\times10^2\ \Omega=1\ k\Omega$，误差为 $\pm10\%$。

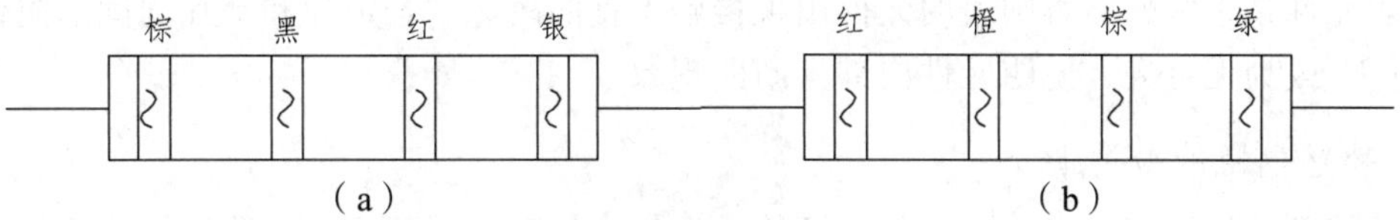

图 2-45　例图

图 2-45（b）中，由于两端的色环（红、绿环）既能作有效数字位，又能作误差位，这时，可参考表 2-53 中电阻器的标称阻值的规定，得出该色环电阻的第·一环为绿环，而非红环，其阻值大小为 $51\times10^3\ \Omega=51\ k\Omega$，误差为 $\pm2\%$。

3. 电阻器的检测方法

1）普通电阻器的检测方法

电阻器的检测方法，主要是利用万用表的欧姆挡来测量电阻器的阻值，将测量值和标称值进行比较，从而判断电阻器是否能够正常工作，是否出现短路、断路及老化现象（实际阻值与标称阻值相差较大的情况）。

检测步骤是：

（1）外观检查。看电阻有无烧焦、电阻器引脚有无脱落及松动的现象，从外表排除电阻的断路情况。

（2）断电。若所测电阻在电路（即电阻器仍然焊在电路中）中，一定要将电路中的电源断开，严禁带电检测，否则不但测量不准，而且易损坏万用表。

（3）选择合适的量程。根据电阻的标称值来选择万用表电阻挡的量程，使万用表指针落在万用表刻度盘中间（或略偏右）的位置为佳。

（4）断路检测。若测量值远远大于标称值，则可判断该电阻出现断路或严重老化现象，即电阻器已损坏。

（5）在路检测。在路检测时，若测量值小于标称值，则应将电阻器从电路中断开检测。此时，若测量值基本等于标称值，该电阻器正常；若测量值接近于零，说明电阻器短路；若测量值远小于标称值，说明该电阻器已损坏；若测量值远大于标称值，说明该电阻器已断路。

2）电位器与可变电阻器的检测方法

（1）电位器与可变电阻器的主要故障。

电位器与可变电阻器的故障发生率比普通电阻高得多，其主要故障表现为：

① 接触不良，元件与电路时断时续。

② 磨损严重，使实际值远大于测量值。

③ 元件断路，分为引脚断开和过流烧断两种情况。

（2）电位器与可变电阻器的检测方法。

对电位器与可变电阻器的测量，其方法与测量普通电阻器类似，不同之处在于：

① 电位器与可变电阻器两固定引脚之间的电阻值，应等于标称值，若测量值远大于或远

小于标称值，说明元件出现故障。

② 缓慢调节电位器或可变电阻器，测量元件定片和动片之间的阻值，观察其电阻值的变化情况正常时，电阻值应从零变到标称值。若电阻值变化连续平稳，没有出现表针跳动的情况，说明元件是正常的，否则表明元件出现接触不良的故障。若定片和动片之间的阻值远大于标称值，或为无穷大，说明元件内部有断路现象。

3）敏感电阻的检测

当敏感源（气敏源、光敏源、热敏源等）发生变化时，用万用表的欧姆挡检测敏感电阻的阻值。若敏感源发生变化时，敏感电阻值也明显变化，说明该敏感电阻是好的；若敏感电阻值变化很小，或几乎不变，则敏感电阻出现故障。

2.3.2 电容器识别与检测

电容器是一种储能元件，其在电路中的使用频率仅次于电阻。

1. 电容器的基本知识

1）电容的定义

由绝缘材料（介质）隔开的两个导体构成电容器。在电路中，电容器用字母 C 表示，其基本单位是法拉 F，常用单位微发（μF）、皮法（pF）。常用电容器的外形结构及电路符号如图 2-46 所示。

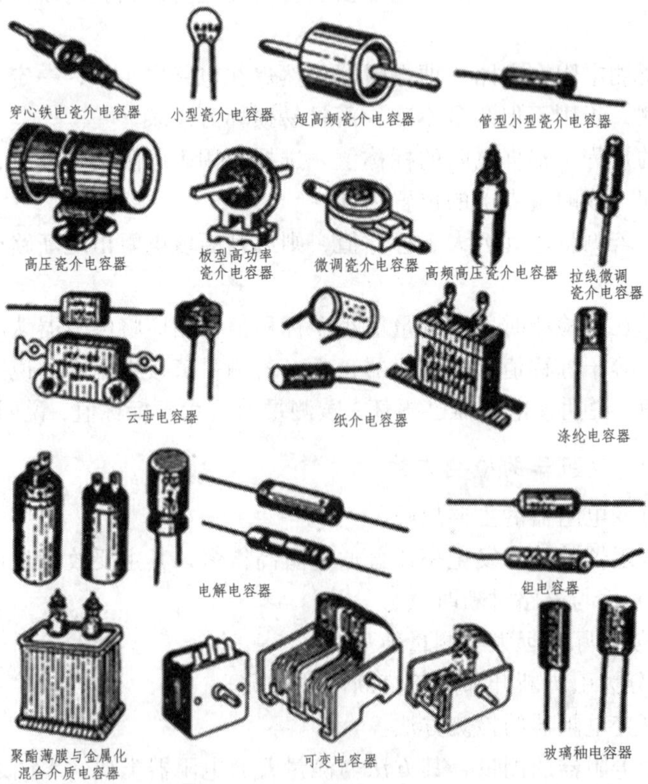

（a）外形结构

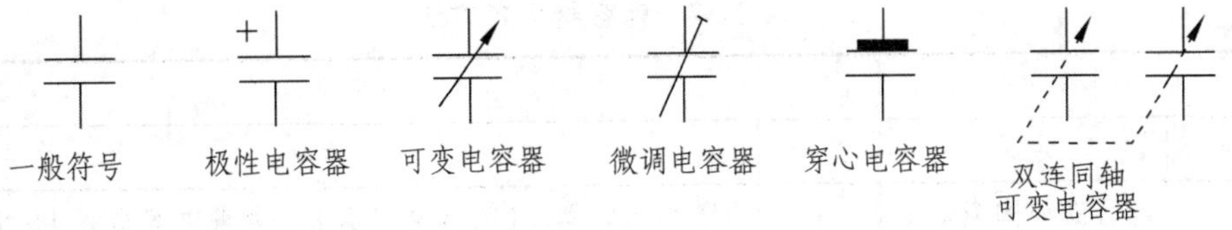

（b）电路符号

图 2-46　常用电容器的外形结构及电路符号

2）电容器的作用

电容器在电路中主要起耦合、旁路、隔直、滤波、移相、延时等作用。

3）电容器的分类

按介质材料来分，可分为涤纶电容器、云母电容器、瓷介电容器、电解电容器等，如表 2-56 所示。

按电容器的容量能否变化来分，可分为固定电容器、半可变电容器（又称微调电容器，电容量变化范围较小）、可变电容器（电容值变化范围较大）等。

按电容器的用途来分，可分为耦合电容器、旁路电容器、隔直电容器、滤波电容器等。

按有无极性分，可分为电解电容器（有极性电容器）和无极性电容器。

表 2-56　不同介质材料的电容器

电容器名称	容量范围	额定工作电压	主要性能特点
纸介电容器	1 000 pF ~ 0.1 μF	160 ~ 400 V	成本低，损耗大，体积大
云母电容器	4.7 pF ~ 30 000 pF	250 ~ 7 000 V	耐压高，耐高温，漏电小，损耗小，性能稳定，体积小，容量小
陶瓷电容器	2 pF ~ 0.047 μF	160 ~ 500 V	耐高温，漏电小，损耗小，性能稳定，体积小，容量小
涤纶电容器	1 000 pF ~ 0.5 μF	63 ~ 630 V	体积小，漏电小，重量轻，容量小
金属膜电容器	0.01 μF ~ 100 μF	400 V	体积小，电容量较大，击穿后有自愈能力
聚苯乙烯电容器	3 pF ~ 1 μF	63 ~ 250 V	漏电小，损耗小，性能稳定，有较高的精密度
钽电解质	1 μF ~ 20 000 μF	3 ~ 450 V	电容量大，有极性，漏电大

4）电容器的命名

电容器的命名方法与电阻器的命名方法类似，电容器的主称用 C 表示，其材料、分类代号及其意义如表 2-57 所示。

表 2-57 电容器命名方法

材料		分类				
符号	意义	符号	意义			
C	高频陶瓷	1	瓷介电容器	云母电容器	电解电容器	有机电容器
Y	云母	2	圆片	非密封	箔式	非密封
I	玻璃轴	3	管型			
O	玻璃膜	4	迭片			
J	金属化纸	5	独石	密封	烧结粉液体	密封
Z	纸介	6	穿心	—	—	穿心
B	聚笨乙烯等非极性有机薄膜	7	支柱	—	—	—
BF	聚四氟乙烯非极性有机薄膜	8	—	—	无极性	—
L	聚脂涤纶有机薄膜	9	高压	高压	—	高压
Q	涂膜	10	—	—	特殊	特殊
H	纸膜复合	11			卧式	卧式
D	铝电解质	12			立式	立式
A	钽电解质	G	高功率			无感式
N	铌电解质	W	微调			
T	低频陶瓷					

例如，CJ1-63-0.022-K 表示非密封金属化纸介电容器，耐压 63 V，容量 0.022 μF ± 10%；CT1-100-0.01-J 表示圆片形低频瓷介电容器，耐压 100 V，容量 0.01 μF ± 10%。

2. 电容器的主要性能参数和识别方法

1）电容器的主要性能参数

（1）标称容量与允许偏差。

与电阻器一样，电容器的标称容量是指在电容器上所标注的容量。电容器的实际容量通常与标称容量有些偏差，电容器的标称容量与允许偏差也应该符合国家标准 GB2471-81 中的规定。通常，电容器的容量为几个皮法（pF）到几千个微法（μF）。

（2）电容器的额定工作电压与击穿电压。

当电容器两极板之间所加的电压达到某一数值时，电容器就会被击穿，该电压叫做电容器的击穿电压。

电容器的额定工作电压又称电容器的耐压，它是指电容器长期安全工作所允许施加的最大直流电压，其值通常为击穿电压的一半。在使用中，实际加在电容器两端的电压应小于额定电压。在交流电路中，加在电容器上的交流电压的最大值不得超过额定电压，否则，电容器会被击穿。有时，电容器的耐压会标注在电容器的外表上。

（3）绝缘电阻。

电容器的绝缘电阻是指电容器两极之间的电阻，也称为电容器的漏电阻。电容器的绝缘电阻一般在几百兆欧以上。

2）电容器的识别方法

电容器的识别方法主要有直标法、文字符号法、数码表示法和色码法四种。

（1）直标法。

用阿拉伯数字和文字符号在电容器上直接标出主要参数（标称容量、额定电压、允许偏差等）的标示方法称为直标法。若电容器上未标注偏差，则默认为20%的误差。当电容器的体积很小时，有时仅标注标称容量一项。

（2）文字符号法。

用阿拉伯数字和文字符号进行有规律的组合，在电容器上标出主要参数的标示方法称为文字符号法。

该方法具体表现为用文字符号表示电容的单位（n 表示 nF、p 表示 pF、μ 表示 μF 或用 R 表示 μF 等），电容容量（用阿拉伯数字表示）的整数部分写在电容单位的前面，电容容量的小数部分写在电容单位的后面。凡为整数（一般为 4 位）、又无单位标注的电容器，其单位默认为 pF；凡用小数、又无单位标注的电容器，其单位默认为 μF。

例　用文字符号法表示 3.3 μF、0.33 pF、0.56 μF、2 200 pF 等电容器的主要参数。

解：3.3 μF 的文字符号表示为 3 μ3 或表示为 3.3；

0.33 pF 的文字符号表示为 p33；

0.56 μF 的文字符号表示为 R56 或表示为 μ56；

2 200 pF 的文字符号表示为 2n2 或表示为 2 200。

（3）数码表示法。

用 3 位数码表示电容器容量的方法称为数码表示法，数码按从左到右的顺序，第一、第二位为有效数，第三位为乘指数 10^n（即零的个数），电容量的单位是 pF。偏差用文字符号表示，如表 2-54 所示。

注意：用数码表示法来表示电容器的容量时，若第三位是 8，对应前述 $n=-2$；第三位为 9 时，$n=-1$。

（4）色标法。

用不同颜色的色环或色点表示电容器主要参数的标志方法称为色标法。在小型电容器上用得比较多。色标法的具体含义与电阻器类似，可参照图 2-45 所示的规定。

注意：电容器读色码的顺序规定为，从元件的顶部向引脚方向读即顶部为第一环，靠引脚的是最后一环。色环颜色的规定与电阻器色标法相同，如表 2-55 所示。

3. 电容器的检测方法

电容器较电阻器出现故障的概率要高一些。容器的常见故障有：

电容器开路故障。

电容器击穿故障。

电容器漏电故障。

电容器一般采用万用表的电阻挡进行检测。

1）电容器容量大小的判别

5 000 pF 以上容量的电容器用万用表的最高电阻挡判别。具体操作是将万用表的两表棒分别接在电容器的两个引脚上，这时，可见万用表指针有一个较小的摆动过程，然后将两表棒对换，再进行一次测量，此时万用表指针会有一个较大的摆动过程。这是电容器的充、放电过程。电容器的容量越大，指针摆动越大，指针复原的速度也越慢。

5 000 pF 以下容量的电容器用万用表测量时，由于其容量较小，已无法看出电容器的充、放电过程。这时，应选用具有测量电容功能的数字万用表进行测量。

2）固定电容器故障的判断

用上述对电容器容量大小的判别方法，若出现万用表指针不摆动（5 000 pF 以上容量的电容器），说明电容器已开路；若万用表指针向右摆动后，指针不再复原，说明电容器被击穿；若万用表指针向右摆动后，指针有少量复原，说明电容器有漏电现象，指针稳定后的读数即为电容器的漏电电阻值。电容器正常时，其电容器的绝缘电阻应为几百兆欧以上。

对电解电容器进行测量时，应将黑表棒接电解电容器的“正”极性端，将红表棒接电解电容器的“负”极性端；若表棒接反，测出的漏电阻值会较小，由此也能判断出电解电容器的“正”“负”极性。一般来说，电解电容器的绝缘电阻相对较小，在 200 ~ 500 kΩ，若小于 200 kΩ，说明漏电较严重。

测量电容时，不能用手接触到被测电容的引脚或万用表表棒的金属部分，以免人体电阻并在电容的两端，引起测量误差。

3）微调电容器和可变电容器的检测

把万用表调到最高电阻挡，将两表棒接在定片和动片上。性能良好的微调电容器和可变电容器，其定片和动片之间的电阻应在几百兆或以上；若测量电阻较小，说明定片和动片之间有短路故障；缓慢旋转电容器的动片，若出现指针跳动的现象，说明该可变电容器在指针跳动的位置有碰片故障。

2.3.3 电感器和变压器识别与检测

1. 电感器和变压器的基本知识

1）定义

凡能产生自感作用的元件称为电感器。通常电感器都是由线圈构成，故又称电感线圈。用字母 L 表示，其基本单位是亨利（H），常用单位有毫亨（mH）、微亨（μH）等。与电容一样，电感也是一种储能元件，在电路中具有耦合、滤波、阻流、补偿、调谐等作用。

变压器是两种利用互感原理来传输能量的元件，它实质上是电感器的一种特殊形式。变压器具有变压、变流、变阻抗、耦合、匹配等主要作用。

常用电感器和变压器的外形结构及电路符号如图 2-47 所示。

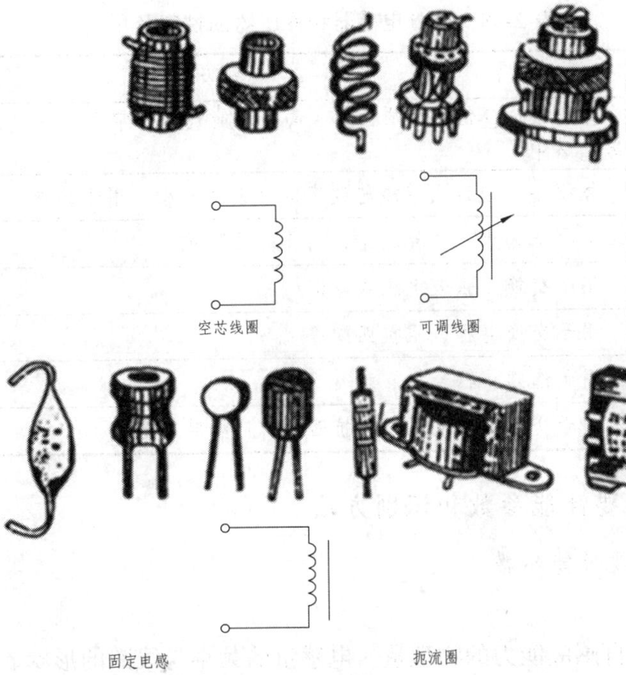

（a）常用电感器的外形结构及电路符号

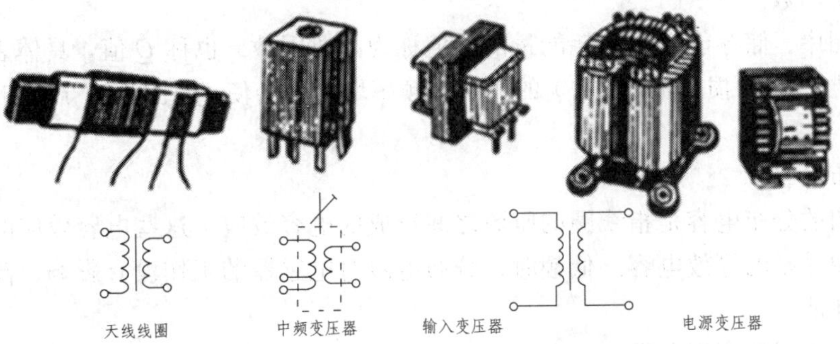

（b）常用电压器的外形结构及电路符号

图 2-47 常用电感器和变压器的外形结构及电路符号

2）分类

（1）电感器的分类。

按电感量是否变化来分，可分为固定电感器、微调电感器、可变电感器等。

按导磁性质来分，可分为空芯线圈、磁芯线圈、铜芯线圈等。

按用途来分，可分为天线线圈、扼流线圈、振荡线圈等。

（2）变压器的分类。

按工作频率来分，可分为高频变压器、中频变压器、低频（音频）变压器、脉冲变压器等。

按导磁性质来分，可分为空芯变压器、磁芯变压器、铁芯变压器等。

按用途（传输方式）来分，可分为电源变压器、输入变压器、输出变压器、耦合变压器等。

部分电感器和变压器的性能及用途如表 2-58 所示。

表 2-58 部分电感器和变压器的性能及用途

名称	性能及用途
固定电感线圈	体积小，Q 值（品质因数）高、性能稳定，常用于滤波、扼流、延时、限波等电路中
磁芯电感线圈	体积小，通过调节磁芯改变电感量的大小，用于滤波、振荡、频率补偿等
交流扼流线圈	电感量较大，损耗较小，用作交流阻抗
电源变压器	用于交换正弦波电压或电流
低频（音频）变压器	用于交换电压、阻抗匹配等
中频变压器	用于选频、耦合等
脉冲变压器	用于交换脉冲电压、阻抗匹配、产生脉冲等

2. 电感器的主要性能参数和识别方法

1）电感器的主要性能参数

（1）标称电感量。

是反映电感线圈自感应能力的物理量。电感量的大小与线圈的形状、结构和材料有关。实际的电感量常用毫亨（mH）、微亨（μH）作单位。

（2）品质因数。

电感线圈中，储存能量与消耗能量的比值称为品质因数，也称 Q 值。具体表现为线圈的感抗（ωL）与线圈的损耗电阻（R）的比值。频率增加，会使 Q 值下降，严重时会破坏电路的正常工作。

（3）分布电容。

电感线圈的分布电容是指线圈的匝数之间形成的电容效应。这些电容效应的作用可以看作一个与线圈并联的等效电容。低频时，分布电容对电感器的工作没有影响；高频时，会改变电感器的性能。

（4）电感线圈的直流电阻。

即为电感线圈的直流损耗电阻，可以用万用表的欧姆挡直接测量出来。

2）变压器的主要特性参数

（1）变压比 n。

指变压器的初级电压与次级电压的比值或初级线圈匝数与次级线圈匝数比值。

（2）额定功率。

指在规定的频率和电压下，变压器能长期工作而不超过规定温升的输出功率。

（3）效率。

指变压器的输出功率与输入功率的比值。一般来说，变压器的容量越大，其效率越高；容量越小，效率越低。例如，变压器的额定功率为 100 W 以上时，其效率可达 90%以上；变压器的额定功率为 10 W 以下时，其效率只有 60% ~ 70%。

（4）绝缘电阻。

指变压器各绕组之间以及各绕组对铁芯（或机壳）之间的电阻。若绝缘电阻过低，会使仪器和设备机壳带电，造成工作不稳定，甚至对设备和人带来危险。

3）电感器的识别方法

电感器的识别方法与电阻器、电容器相似，也有直标法、文字符号法和色标法。这里不再介绍。

3. 电感器与变压器的检测方法

1）电感器的性能检测

电感器的性能检测一般采用外观检查结合万用表测试的方法。先外观检查，看线圈有无断线或烧焦的情况（这种故障现象较常见），若无此现象，再用万用表检测。若测得线圈的电阻远大于标称值或趋于无穷大，说明电感断路；若测得线圈的电阻远小于标称阻值，说明线圈内部有短路故障。

2）变压器的性能检测

变压器的性能检测方法与电感器大致相同，不同之处在于检测变压器之前，应先了解该变压器的连线结构。在没有电器连接的地方，其电阻值应为无穷大；有电器连接之处，有其规定的直流电阻（可查资料得知）大小。

3 正弦交流电路、电磁感应测量与应用

3.1 单相交流电路研究

3.1.1 典型电信号的观察与测量

1. 实验元器件与设备

表 3-1 实验元器件与设备

序号	名称	型号与规格	数量	备注
1	双踪示波器		1	自备
2	函数信号发生器		1	
3	交流毫伏表	0 ~ 600 V	1	
4	频率计		1	

2. 实验原理及说明

（1）正弦交流信号和方波脉冲信号是常用的电激励信号，可分别由低频信号发生器和脉冲信号发生器提供。正弦信号的波形参数是幅值 U_m、周期 T（或频率 f）和初相；脉冲信号的波形参数是幅值 U_m、周期 T 及脉宽 t_k。本实验装置能提供频率范围为 20 Hz ~ 50 kHz 的正弦波及方波，并有 6 位 LED 数码管显示信号的频率。正弦波的幅值在 0 ~ 5 V 之间连续可调，方波的幅度为 1 ~ 3.8 V 可调。

（2）电子示波器是一种信号图形观测仪器，可测出电信号的波形参数。从荧光屏的 Y 轴刻度尺并结合其量程分挡选择开关（Y 轴输入电压灵敏度 V/div 分挡选择开关）读得电信号的幅值；从荧光屏的 X 轴刻度尺并结合其量程分挡（时间扫描速度 t/div 分挡）选择开关，读得电信号的周期、脉宽、相位差等参数。为了完成对各种不同波形的观察和测量，还有一些其他的调节和控制旋钮，希望在实训中加以摸索和掌握。

一台双踪示波器可以同时观察和测量两个信号的波形和参数。

3. 实验步骤与测量

1）双踪示波器的自检

将示波器面板部分的“标准信号”插口，通过示波器专用同轴电缆接至双踪示波器的 Y

轴输入插口 Y_A 或 Y_B 端，然后开启示波器电源，指示灯亮。稍后，协调地调节示波器面板上的“辉度”“聚焦”“辅助聚焦”“X 轴位移”“Y 轴位移”等旋钮，使在荧光屏的中心部分显示出线条细而清晰、亮度适中的方波波形；通过选择幅度和扫描速度，并将它们的微调旋钮旋至“校准”位置，从荧光屏上读出该“标准信号”的幅值与频率，并与标称值（1 V, 1 kHz）做比较，如相差较大，请指导老师给予校准。

2）正弦波信号的观测

（1）将示波器的幅度和扫描速度微调旋钮旋至“校准”位置。

（2）通过电缆线，将信号发生器的正弦波输出口与示波器的 Y_A 插座相连。

（3）接通信号发生器的电源，选择正弦波输出。通过相应调节，使输出频率分别为 50 Hz，1.5 kHz 和 20 kHz（由频率计读出）；再使输出幅值分别为有效值 0.1 V，1 V，3 V（由交流电压表读得）。调节示波器 Y 轴和 X 轴灵敏度至合适的位置，从荧光屏上读得幅值及周期，记入表中。

表 3-2　测试周期

测定项目	正弦波信号频率的测定		
	50 Hz	1 500 Hz	20 000 Hz
示波器“t/div”旋钮位置			
一个周期所占有的格数			
信号周期（ms）			
计算所得频率（Hz）			

表 3-3　测试幅值

交流毫伏表读数所测项目	正弦波信号峰值的测定		
	0.1 V	1 V	3 V
示波器“V/div”旋钮位置			
峰—峰值波形格数			
峰—峰值			
计算所得有效值			

3）方波脉冲信号的观察和测定

（1）将电缆插头换接在脉冲信号的输出插口上，选择信号源为方波输出。

（2）调节方波的输出幅度为 $3.0V_{p\text{-}p}$（用示波器测定），分别观测 100 Hz，3 kHz 和 30 kHz 方波信号的波形参数。

（3）使信号频率保持在 3 kHz，选择不同的幅度及脉宽，观测波形参数的变化。

4. 实训注意事项

（1）示波器的辉度不要过亮。

（2）调节仪器旋钮时，动作不要过快、过猛。

（3）调节示波器时，要注意触发开关和电平调节旋钮的配合使用，以使显示的波形稳定。

（4）做定量测定时，“t/div”和“V/div”的微调旋钮应旋至“标准”位置。

（5）为防止外界干扰，信号发生器的接地端与示波器的接地端要相连（称共地）。

（6）不同品牌的示波器，各旋钮、功能的标注不尽相同，实训前请详细阅读所用示波器的说明书。

（7）实训前应认真阅读函数信号发生器的使用说明书。

5. 实验报告与分析

1）实训目的

（1）熟悉低频信号发生器、脉冲信号发生器各旋钮、开关的作用及其使用方法。

（2）初步掌握用示波器观察电信号波形，定量测出正弦信号和脉冲信号的波形参数。

（3）初步掌握示波器、信号发生器的使用。

2）预习与思考

（1）示波器面板上“t/div” 和“V/div”的含义是什么？

（2）观察本机“标准信号”时，要在荧光屏上得到两个周期的稳定波形，而幅度要求为五格，试问 Y 轴电压灵敏度应置于哪一挡位置？“t/div”又应置于哪一挡位置？

（3）应用双踪示波器观察到如图 3-1 所示的两个波形，Y_A 和 Y_B 轴的“V/div”的指示均为 0.5 V，“t/div”指示为 20 μS，试写出这两个波形信号的波形参数。

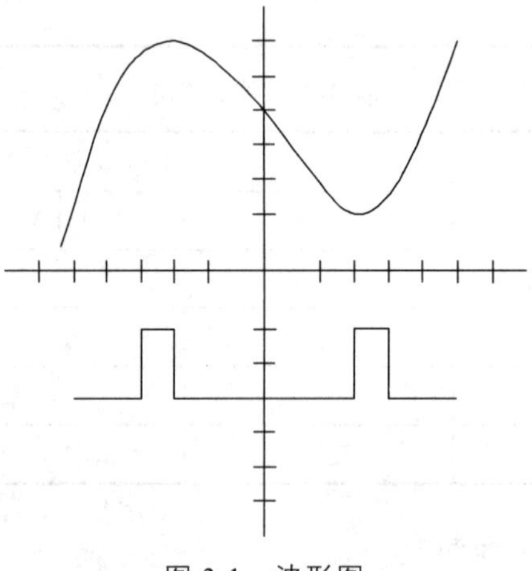

图 3-1　波形图

3）实验数据与分析

（1）整理实训中显示的各种波形，绘制有代表性的波形。

（2）总结实训中所用仪器的使用方法及观测电信号的方法。

（3）如用示波器观察正弦信号时，荧光屏上出现图 3-2 所示的几种情况时，试说明测试系统中哪些旋钮的位置不对？应如何调节？

（4）心得体会及其他。

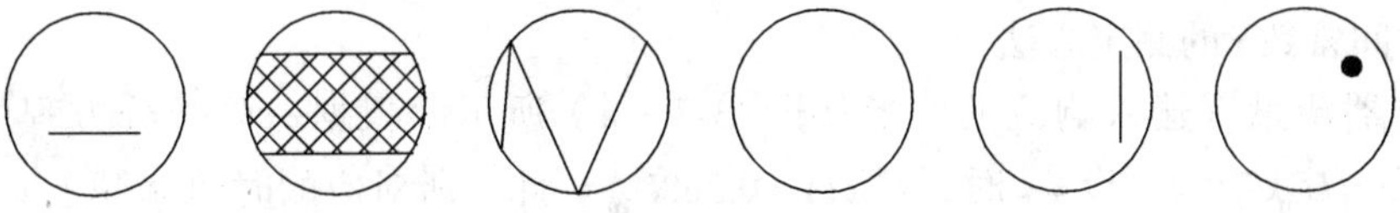

（a）　（b）　（c）　（d）　（e）　（f）

图 3-2　示波器显示波形

3.1.2　*RC* 一阶电路的响应测试

1. 实验元器件与设备

表 3-4　实验元器件与设备

序号	名称	型号与规格	数量	备注
1	函数信号发生器		1	
2	双踪示波器		1	自备
3	动态电路实验板		1	DGJ-03

2. 实验原理及说明

（1）动态网络的过渡过程是十分短暂的单次变化过程。要用普通示波器观察过渡过程和测量有关的参数，就必须使这种单次变化的过程重复出现。为此，我们利用信号发生器输出的方波来模拟阶跃激励信号，即利用方波输出的上升沿作为零状态响应的正阶跃激励信号；利用方波的下降沿作为零输入响应的负阶跃激励信号。只要选择方波的重复周期远大于电路的时间常数τ，那么电路在这样的方波序列脉冲信号的激励下，它的响应就和直流电接通与断开的过渡过程是基本相同的。

（2）图 3-3（b）所示的 *RC* 一阶电路的零输入响应和零状态响应分别按指数规律衰减和增长，其变化的快慢决定于电路的时间常数τ。

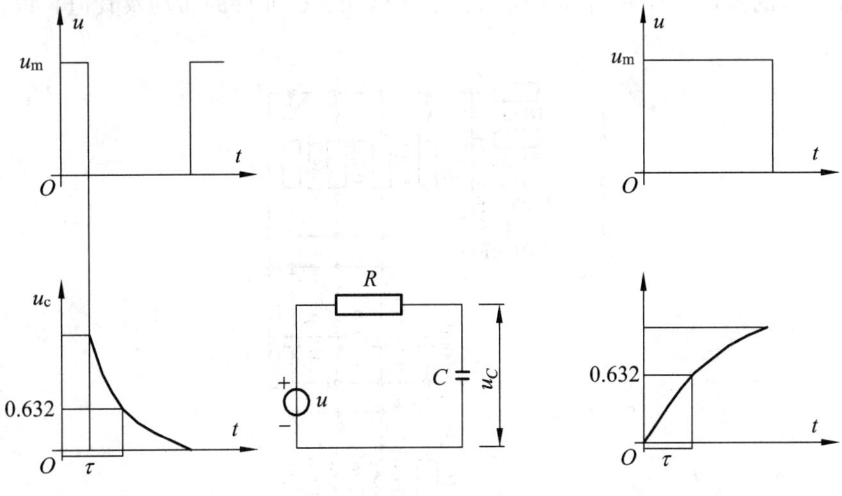

（a）零输入相应　（b）RC一阶电路　（c）零状态响应

图 3-3　测定 RC 一阶电路时间常数τ

（3）时间常数τ的测定方法。

用示波器测量零输入响应的波形如图 3-3（a）所示。根据一阶微分方程的求解得知$u_c = U_m e^{-t/RC} = U_m e^{-t/\tau}$。当$t=\tau$时，$U_c(\tau)=0.368U_m$。此时所对应的时间就等于$\tau$。亦可用零状态响应波形增加$0.632U_m$所对应的时间测得，如图 3-3（c）所示。

（4）微分电路和积分电路是 RC 一阶电路中较典型的电路，它对电路元件参数和输入信号的周期有着特定的要求。一个简单的 RC 串联电路，在方波序列脉冲的重复激励下，当满足$\tau = RC \ll \frac{T}{2}$时（$T$ 为方波脉冲的重复周期），且由 R 两端的电压作为响应输出，则该电路就是一个微分电路。因为此时电路的输出信号电压与输入信号电压的微分成正比。如图 3-4（a）所示。利用微分电路可以将方波转变成尖脉冲。

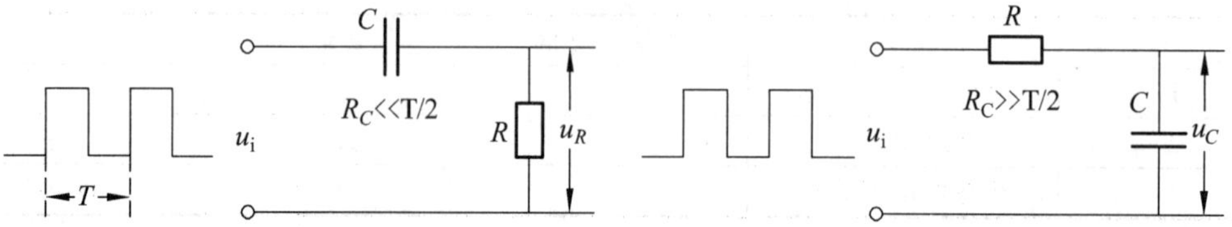

（a）微分电路　　（b）积分电路

图 3-4　RC 一阶电路

若将图 3-4（a）中的 R 与 C 位置调换一下，如图 3-4（b）所示，由 C 两端的电压作为响应输出。当电路的参数满足$\tau = RC >> \tau/2$ 条件时，即称为积分电路。因为此时电路的输出信号电压与输入信号电压的积分成正比。利用积分电路可以将方波转变成三角波。

从输入输出波形来看，上述两个电路均起着波形变换的作用，请在实训过程仔细观察与记录。

3. 实验步骤与测量

实验线路板的器件组件如图 3-5 所示，请认清 R、C 元件的布局及其值，以及各开关的通断位置等。

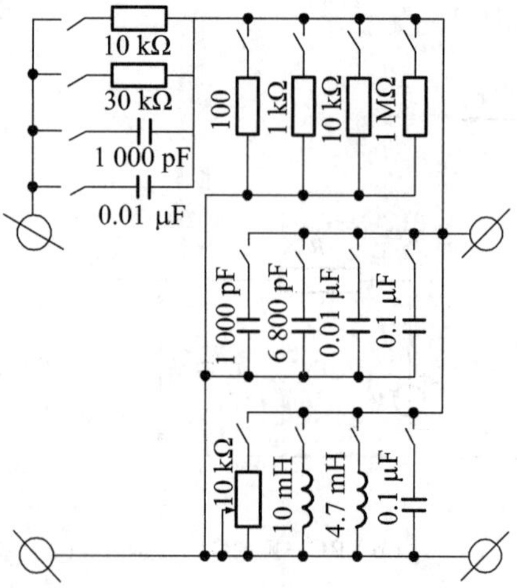

图 3-5　动态电路选频电路实验板

（1）从电路板上选 $R=10\ \text{k}\Omega$，$C=6\ 800\ \text{pF}$ 组成如图 3-3（b）所示的 RC 充放电电路。u_i 为信号发生器输出的 $U_{P\text{-}P}=3\ \text{V}$、$f=1\ \text{kHz}$ 的方波电压信号，并通过两根同轴电缆线，将激励源 u_i 和响应 u_c 的信号分别连至示波器的两点输入口 Y_A 和 Y_B。这时可在示波器的屏幕上观察到激励与响应的变化的规律，请测算出时间常数 τ，并用方格纸按 1∶1 的比例描绘波形。

少量地改变电容值或电阻值，定性地观察对响应的影响，记录观察到的现象。

（2）令 $R=10\ \text{k}\Omega$，$C=0.1\ \mu\text{F}$，观察并描绘响应的波形，继续增大 C 之值，定性地观察对响应的影响。

（3）令 $C=0.01\ \mu\text{F}$，$R=100\ \Omega$，组成如图 3-4（a）所示的微分电路。在同样的方波激励信号（$U_{p\text{-}p}=3\ \text{V}$，$f=1\ \text{kHz}$）作用下，观测并描绘激励与响应的波形。

增减 R 值，定性地观察对响应的影响，并做记录。当 R 增至 $1\ \text{M}\Omega$时，输入输出波形有何本质上的区别？

4. 实训注意事项

（1）调节电子仪器各旋钮时，动作不要过快、过猛。实训前，需熟读双踪示波器的使用说明书。观察双踪时，要特别注意相应开关、旋钮的操作与调节。

（2）信号源的接地端与示波器的接地端要连在一起（称共地），以防外界干扰而影响测量的准确性。

（3）示波器的辉度不应过亮，尤其是光点长期停留在荧光屏上不动时，应将辉度调暗，以延长示波管的使用寿命。

5. 实验报告与分析

1）实训目的

（1）测定 RC 一阶电路的零输入响应、零状态响应及完全响应。

（2）学习电路时间常数的测量方法。

（3）掌握有关微分电路和积分电路的概念。

（4）进一步学会用示波器观测波形。

2）预习与思考

（1）什么样的电信号可作为 RC 一阶电路零输入响应、零状态响应和完全响应的激励源？

（2）已知 RC 一阶电路 $R=10\ \text{k}\Omega$，$C=0.1\ \mu\text{F}$，试计算时间常数 τ，并根据 τ 值的物理意义，拟定测量 τ 的方案。

（3）何谓积分电路和微分电路，它们必须具备什么条件？它们在方波序列脉冲的激励下，其输出信号波形的变化规律如何？这两种电路有何功用？

（4）预习要求：熟读仪器使用说明，回答上述问题，准备方格纸。

3）实验数据与分析

（1）根据实验观测结果，在方格纸上绘出 RC 一阶电路充放电时 u_c 的变化曲线，由曲线测得 τ 值，并与参数值的计算结果作比较，分析误差原因。

（2）根据实验观测结果，归纳、总结积分电路和微分电路的形成条件，阐明波形变换的特征。

（3）心得体会及其他。

3.1.3　二阶动态电路响应的研究

1. 实验元器件与设备

表 3-5　实验元器件与设备

序号	名称	型号与规格	数量	备注
1	函数信号发生器		1	
2	双踪示波器		1	自备
3	动态实验电路板		1	DGJ-03

2. 实验原理及说明

一个二阶电路在方波正、负阶跃信号的激励下，可获得零状态与零输入响应，其响应的变化轨迹决定于电路的固有频率。当调节电路的元件参数值，使电路的固有频率分别为负实数、共轭复数及虚数时，可获得单调地衰减、衰减振荡和等幅振荡的响应。在实验中可获得过阻尼，欠阻尼和临界阻尼这三种响应图形。

简单而典型的二阶电路是一个 *RLC* 串联电路和 *GCL* 并联电路，这二者之间存在着对偶关系。本小节仅对 GCL 并联电路进行研究。

3. 实训步骤与测量

动态电路实验板与 3.1.2 小节相同，如图 3-5 所示。利用动态电路板中的元件与开关的配合作用，组成如图 3-6 所示的 GCL 并联电路。

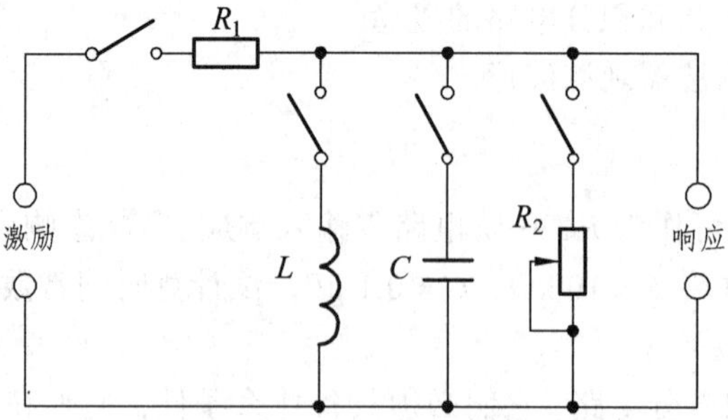

图 3-6　GCL 并联电路

令 $R_1 = 10\ \text{k}\Omega$，$L = 4.7\ \text{mH}$，$C = 1\ 000\ \text{pF}$，R_2 为 10 kΩ可调电阻。令函数信号发生器的输出为 $U_{\text{p-p}} = 1.5\ \text{V}$，$f = 1\ \text{kHz}$ 的方波脉冲，通过同轴电缆接至图中的激励端，同时用同轴电缆将激励端和响应输出接至双踪示波器的 Y_A 和 Y_B 两个输入口。

（1）调节可变电阻器 R_2 的值，观察二阶电路的零输入响应和零状态响应由过阻尼过渡到临界阻尼，最后过渡到欠阻尼的变化过渡过程，分别定性地描绘、记录响应的典型变化波形。

（2）调节 R_2 使示波器荧光屏上呈现稳定的欠阻尼响应波形，定量测定此时电路的衰减常数 α 和振荡频率。

（3）改变一组电路参数，如增、减 L 或 C 之值，重复（2）的测量，并做记录。随后仔细观察，改变电路参数时，观察衰减常数 α 和振荡频率的变化趋势，并做记录，填入表 3-6 中。

表 3-6 测试表

电路参数 实调次数	元件参数				测量值	
	R_1	R_2	L	C		
1	10 kΩ	调至欠阻尼态	4.7 mH	1 000 pF		
2	10 kΩ		4.7 mH	0.01 μF		
3	30 kΩ		4.7 mH	0.01 μF		
4	10 kΩ		10 mH	0.01 μF		

4. 实训注意事项

（1）调节 R_2 时，要细心、缓慢，临界阻尼要找准。

（2）观察双踪示波器时，显示要稳定，如不同步，则可采用外同步法触发（看示波器说明）。

5. 实验报告和分析

1）实训目的

（1）学习用实训的方法来研究二阶动态电路的响应，了解电路元件参数对响应的影响。

（2）观察、分析二阶电路响应的三种状态轨迹及其特点，以加深对二阶电路响应的认识与理解。

2）预习与思考

（1）根据二阶电路实训电路元件的参数，计算处于临界阻尼状态 R_2 的值。

（2）在示波器荧光屏上，如何测得二阶电路零输入响应欠阻尼状态的衰减常数 α 和振荡频率？

3）实验数据与分析

（1）根据观测结果，在方格纸上描绘二阶电路过阻尼、临界阻尼和欠尼的响应波形。

（2）测算欠阻尼振荡状态时的 α 与 ω_d。

（3）归纳、总结电路元件参数的改变对响应变化趋势的影响。

（4）心得体会及其他。

（5）欠阻尼状态下 α 与 ω_d 的测算。

用示波器观察欠阻尼状态时 U_0 的波形，如图 3-7 所示，则：$\omega_d = \dfrac{2\pi}{T'}$，$\alpha = \dfrac{1}{T'}\ln\dfrac{u_2}{u_1}$。

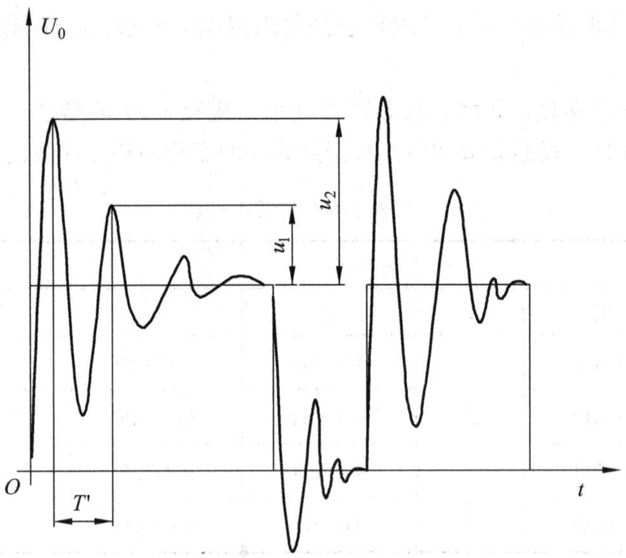

图 3-7　示波器观察欠阻尼状态时 U_0 的波形

3.1.4　*R*、*L*、*C* 元件阻抗特性的测定

1. 实验元器件与设备

表 3-7　实验元器件与设备

序号	名　称	型号与规格	数量	备注
1	信号函数发生器		1	
2	交流毫安表	0 ~ 600 V	1	
3	双踪示波器		1	自备
4	频率计		1	
5	实验线路元件	$R = 1\ \text{k}\Omega$，$r = 51\ \Omega$，$C = 1\ \mu\text{F}$，L 约 10 mH	1	DJG-05

2. 实验原理及说明

（1）在正弦交变信号作用下，*R*、*L*、*C* 电路元件在电路中的抗流作用与信号的频率有关，它们的阻抗频率特性 *R-f*，*XL-f*，*XC-f* 曲线如图 3-8 所示。

（2）元件阻抗频率特性的测量电路如图 3-9 所示。

图中的 *r* 是提供测量回路电流用的标准小电阻，由于 *r* 的阻值远小于被测元件的阻抗值，因此可以认为 AB 之间的电压就是被测电阻元件 *R*、*L* 或 *C* 两端的电压，流过被测电阻元件的电流则可由 *r* 两端的电压除以 *r* 得到。

若用双踪示波器同时观察 *r* 与被测元件两段的电压，亦就展现出被测元件两端的电压和流过该元件电流的波形，从而可在荧光屏上测出电压与电流的幅值及它们之间的相位差。

① 将元件 *R*、*L*、*C* 串联或并接相连，亦可用同样的方法测得 $Z_{串}$与 $Z_{并}$的阻抗频率特性 *Z-f*，根据电压、电流的相位差可判断 $Z_{串}$或 $Z_{并}$是感性还是容性负载。

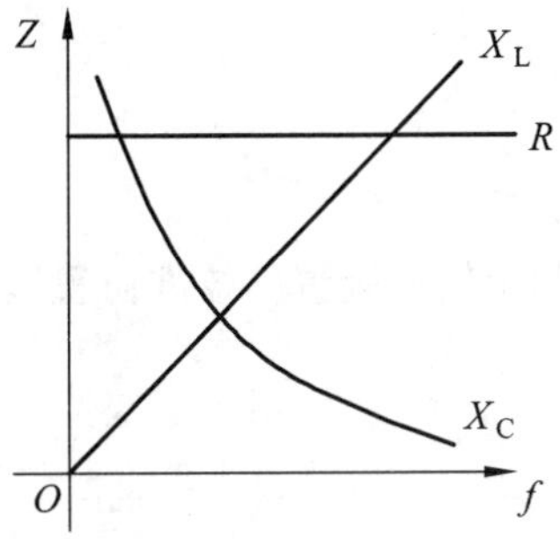

图 3-8　阻抗频率特性曲线

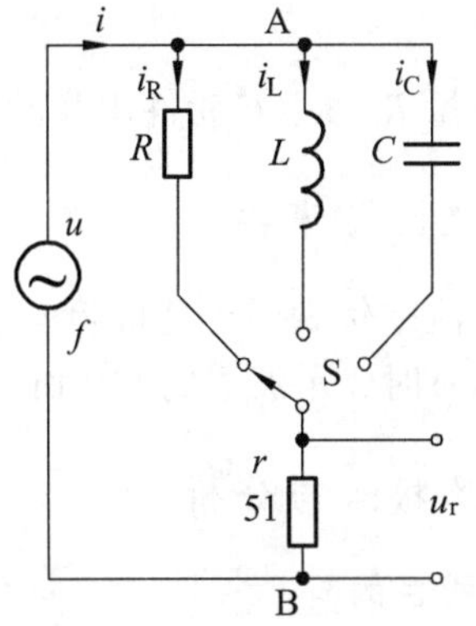

图 3-9　阻抗频率特性测量电路

② 元件的阻抗角（即相位差 φ）随输入信号的频率变化而改变，将各个不同的频率下的相位差画在以频率 f 为横坐标、阻抗角 φ 为纵坐标的坐标纸上，并用光滑的曲线连接这些点，即得到阻抗角的频率特性曲线。

用双踪示波器测量阻抗角的方法如图 3-10 所示。从荧光屏上观察一个周期占 n 格，相位差占 m 格，则实际的相位差 φ（阻抗角）为 $\varphi = m \times \dfrac{360°}{n}$。

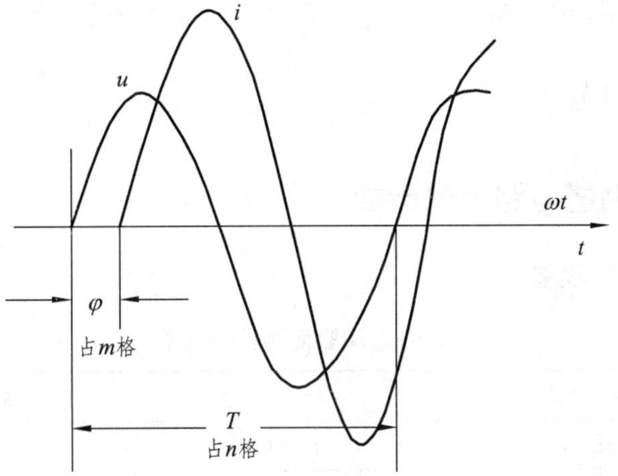

图 3-10　测量阻抗角

3. 实验步骤与测量

（1）测量 R、L、C 元件的阻抗频率特性。

通过电缆线将函数信号发生器输出的正弦信号接至如图 3-9 的电路，作为激励源 u 并用交流毫伏表测量，使激励电压的有效值为 $U = 3$ V，并保持不变。

使信号源的输出频率从 200 Hz 逐渐增至 5 kHz（用频率计测量），并使开关 S 分别接通 R、L、C 三个元件，用交流毫伏表测量 U_r，并计算各频率点时的 I_R、I_L 和 I_C（即 U_r/r）以及 $R = U / I_R$、$X_L = U / I_L$ 及 $X_C = U / I_C$ 之值。

注意：在接通 C 测试时，信号源的频率应控制在 200 ~ 2 500 Hz。

（2）用双踪示波器观察在不同频率下各元件阻抗角的变化情况，按图 3-10 记录 n 和 m，

算出 φ。

（3）测量 R、L、C 元件串联的阻抗角频率特性。

4. 实验注意事项

（1）交流毫伏表属于高抗阻电表，测量前必须先调零。
（2）测 φ 时，示波器的“V/div”和“t/div”的微调旋钮应旋置“校准位置”。

5. 实验报告与分析

1）实训目的

（1）验证电阻、感抗、容抗与频率的关系，测定 R-f，XL-f 及 XC-f 特征曲线。
（2）加深理解 R、L、C 元件端电压与电流间的相位关系

2）预习与思考

测量 R、L、C 各个元件的阻抗角时，为什么要与它们串联一个小电阻？可否用一个小电感或者大电容代替？为什么？

3）实验数据与分析

（1）根据实验数据，在方格纸上绘制 R、L、C 三个元件的阻抗频率特征曲线，从中可得出什么结论？
（2）心得体会及其他。

3.1.5 用三表法测量电路等效参数

1. 实验元器件与设备

表 3-8 实验元器件与设备

序号	名称	型号与规格	数量	
1	交流电压表	0 ~ 500 V	1	
2	交流电流表	0 ~ 5 A	1	
3	功率表		1	（DGJ－07）
4	自耦调压器		1	
5	镇流器（电感线圈）	与 30W 日用灯配用	1	DGJ－04
6	电容器	1 μF，4.7 μF/500 V	1	DGJ－05
7	白炽灯	25 W/220 V	3	DGJ－04

2. 实验原理及说明

（1）正弦交流信号激励下的元件阻值或阻抗值，可以用交流电压表、交流电流表及功率表分别测出元件两端的电压 U、流过该元件的电流 I 和它所消耗的功率 P，然后通过计算得

到所求的各值，这种方法成为三表法，是用以测量 50 Hz 交流电路参数的基本方法。

计算的基本公式为

阻抗的模 $|Z| = \dfrac{U}{I}$

电路的功率因数 $\cos\phi = \dfrac{P}{UI}$

等效电阻 $R = \dfrac{P}{I^2} = |Z|\cos\varphi$

等效电抗 $X = |Z|\sin\varphi$ 或 $X = X_L = 2\pi fL$，$X = X_C = \dfrac{1}{2\pi fC}$

（2）阻抗性质的判别方法：可用在被测元件两端并联电容或将被测元件与电容串联的方法来判别。其原理如下：

① 在被测元件两端并联一个适量的试验电容，若串接在电路中电流表的读数增大，则被测阻抗为容性，电流减小则为感性。

图 3-11（a）中，Z 为待测定的元件，C'为试验电容器。图 3-11（b）是图 3-11（a）的等效电路，图中 G、B 为待测阻抗 Z 的电导和电纳，B'为并联电容 C'的电纳。在端电压有效值不变的条件下，按下面两种情况进行分析：

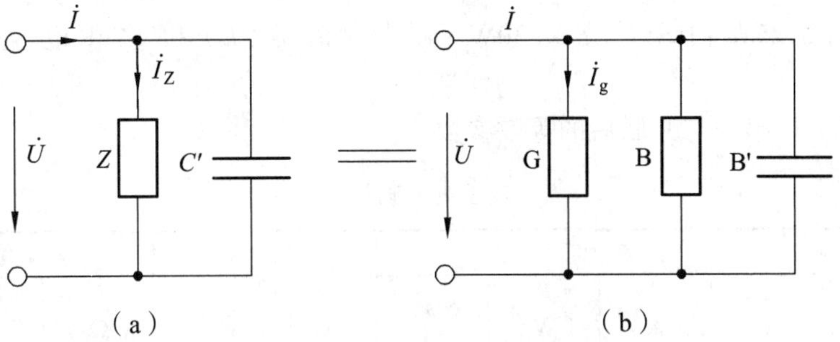

图 3-11 并联电容测量法

a. 设 $B' + B = B''$，若 B'增大，B''也增大，则电路中的电流 I 将单调地上升，故可判断 B 为容性元件。

b. 设 $B' + \mathrm{B} = B''$，若 B'增大，B''先减小而后再增大，电路 I 也是先减小后上升，如图 3-12 所示，则可判断 B 为感性元件。

由以上分析可见，当 B 为容性元件时对并联电容值无特殊要求；而当 B 为感性元件时，$B' < |2\mathrm{B}|$ 才有判断为感性的意义。$B' < |2B|$ 时，电流单调上升，与 B 为容性时相同，并不能说明电路是感性的。因此 $B' < |2B|$ 是判断电路性质的可靠条件，由此得判定条件为 $C' < \left|\dfrac{2B}{\omega}\right|$。

② 与被测元件串联一个适当容量的试验电容，若被测阻抗的端电压下降，则判为容性，端电压上升则为感性，判定条件为 $\dfrac{1}{\omega C'} < |2X|$，式中 X 为被测阻抗的电抗值，C'为串联试验电容值，此关系可自行证明。

判断待测元件的性质，除上述借助于试验电容 C'测定法外，还可以利用该元件的电流 i 与电压 u 之间的相位关系来判断。若 i 超前于 u，为容性；i 滞后于 u，则为感性。

（3）本实验所用的功率表为智能交流功率表，其电压接线端应与负载并联，电流接线端应与负载串联。

3. 实验步骤与测量

（1）按图 3-13 接线，并经指导教师检查后，方可接通电源。

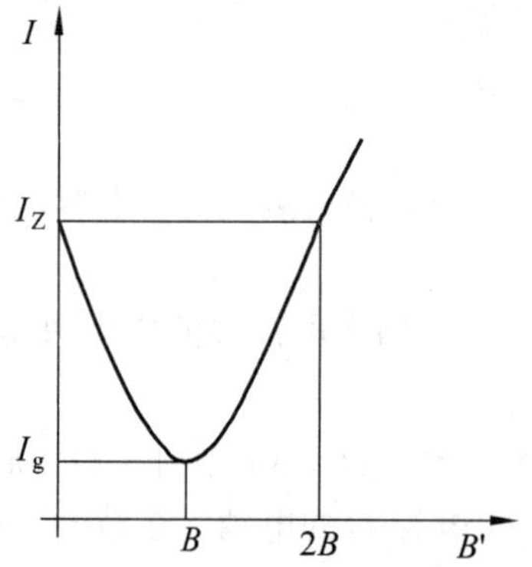

图 3-12 阻抗性质的差别

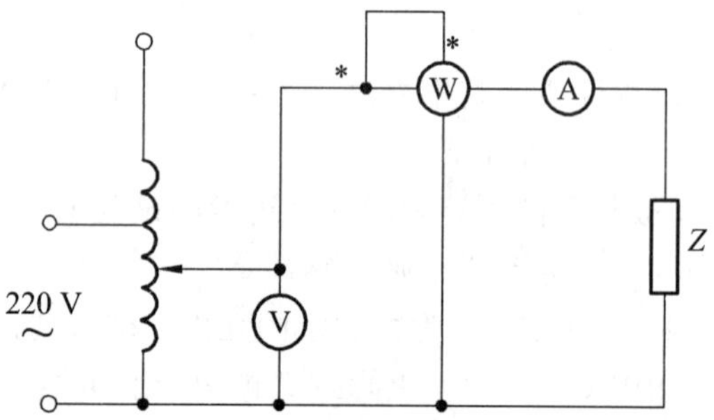

图 3-13 测试电路

（2）分别测量 25W 白炽灯（R）、30W 日光灯镇流器（L）和 4.7uF 电容器（C）的等效参数。

（3）测量 L、C 串联与并联后的等效参数。

表 3-9 测试表

被测阻抗	测量值				计算机		电路等效参数		
	U（V）	I（A）	P（W）	$\cos\varphi$	Z（Ω）	$\cos\varphi$	R（Ω）	L（mH）	C（μF）
25 W 白炽灯									
电感线圈 L									
电容器 C									
L 与 C 串联									
L 与 C 并联									

（4）验证用串、并试验电容法判别负载性质的正确性。

实验线路同图 3-13，但不必接功率表，按表 3-10 内容进行测量和记录。

表 3-10 测试表

被测元件	串 4.7 μF 电容		并 4.7 μF 电容	
	串前端电压（V）	串后端电压（V）	并前电流（A）	并后电流（A）
R（三只 25 W 白炽灯）				
C（4.7 μF）				
L（1 H）				

4. 实验注意事项

（1）本实验直接用市电 220 V 交流电源供电，实验中要特别注意人身安全，不可用手直接接触通电线路的裸露部分，以免触电，进实验室应穿绝缘鞋。

（2）自耦调压器在接通电源前，应将手柄置于零位上，调节时，使输出电压从零开始逐渐升高。每次改接实验线路，换拔黑匣子上的开关及实验完毕，都必须先将其旋柄慢慢调回零位，再断电源，必须严格遵守这一操作规程。

（3）实验前应详细阅读智能交流功率表的使用说明书，并熟悉其使用方法。

5. 实验报告与分析

1）实训目的

（1）学会用交流电压表、交流电流表和功率表测量元件的交流等效参数的方法。

（2）学会功率表的接法和使用。

2）预习与思考

（1）在 50 Hz 的交流电路中，测得一只一铁芯线圈的 P、L、U，如何算得它的阻值及电感量？

（2）如何用串联电容的方法来判断阻抗的性质？通过分析 I 随 X'_C（串联容抗）的变化关系做定性分析，证明串联试验时，C'满足 $\frac{1}{\omega C''}<|2X|$。

3）实验数据与分析

（1）根据实验数据，完成各项计算。

（2）完成预习思考题（1),（2）的任务。

（3）心得体会及其他。

3.1.6　正弦稳态交流电路相量的研究

1. 实验元器件与设备

表 3-11　实验元器件与设备

序号	名称	型号与规格	数量	备注
1	交流电压表	0～500 V	1	
2	交流电流表	0～5 A	1	
3	功率表		1	DGJ－07
4	自耦调压器		1	
5	镇流器 启辉器	与 30 W 灯管配用	各 1	DGJ－04
6	日光灯灯管	30 W	1	屏内
7	电容器	1 μF，2.2 μF，4.7 μF/500 V	各 1	DGJ－04
8	白炽灯及灯座	220 V，25 W	1-3	DGJ－04
9	电流插座		3	DGJ－04

2. 实验原理及说明

（1）在单相正弦交流电路中，用交流电流表测得各支路的电流值，用交流电压表测得回路各元件两端的电压值，它们之间的关系满足相量形式的基尔霍夫定律，即 $\Sigma I=0$，$\Sigma U=0$。

（2）图 3-14 所示的 *RC* 串联电路，在正弦稳态信号 U 的激励下，U_R 和 U_C 保持 90°的相位差，即当 R 阻值改变时，U_R 的相量轨迹是一个半圆。U、U_C 与 U_R 三者形成一个直角形的电压三角形，如图 3-15 所示。R 值改变时，可改变 φ 角的大小，从而达到移相的目的。

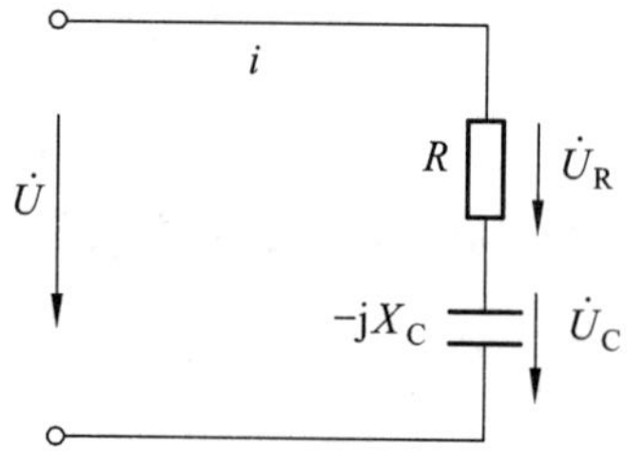

图 3-14　*RC* 串联电路

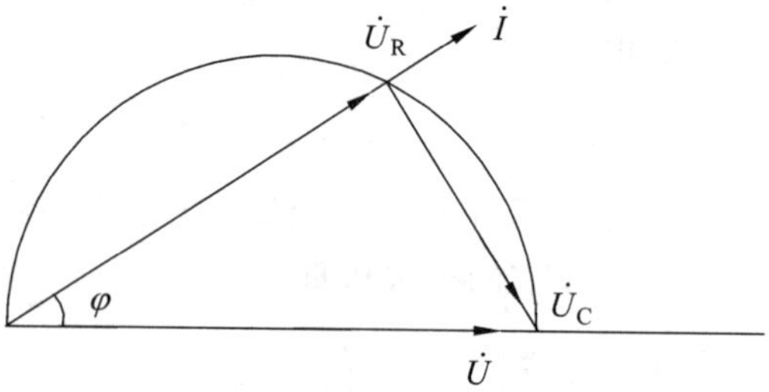

图 3-15　相量图

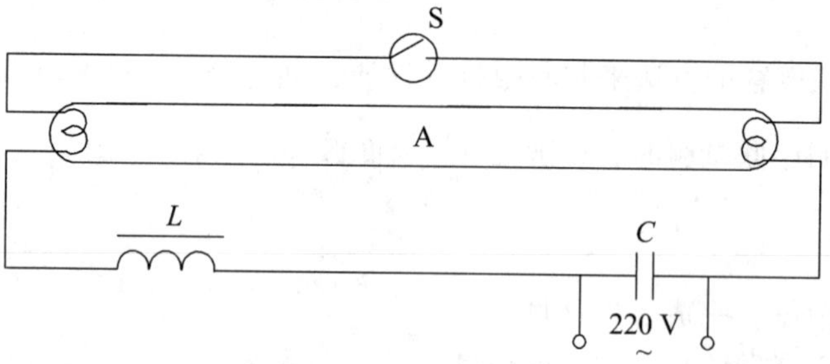

图 3-16　日光灯电路

（3）日光灯电路如图 3-16 所示，图中 A 是日光灯管，L 是镇流器，S 是启辉器，C 是补偿电容器，用来改善电路的功率因数（$\cos\varphi$ 值）。有关日光灯的工作原理请自行翻阅有关资料。

3. 实验步骤与测量

（1）按图 3-14 所示接线。R 为 220 V、25 W 的白炽灯泡，电容器为 4.7 μF/500 V。经指导教师检验后，接通实验台电源，将自耦调压器输出（即 U）调至 220 V。记录 U、U_R、U_C 值，验证电压三角形关系。

表 3-12　验证电压三角形关系

测量值			计算值		
U（V）	U_R（V）	U_C（V）	U'（$U=\sqrt{U_R^2+U_C^2}$）	$\Delta U=U'-U$（V）	$\Delta U/U$（%）

（2）日光灯电路接线与测量。

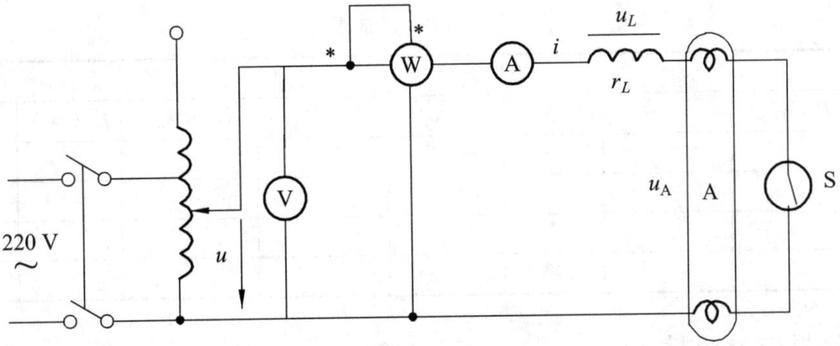

图 3-17　曝光灯电路接线

按图 3-17 所示接线。经指导教师检查后接通实验台电源，调节自耦变压器的输出，使输出电压缓慢增大，直到日光灯刚启辉点亮为止，记下三表的指示值。然后将电压值调至 220 V，测量功率 P，电流 I，电压 U、U_L、U_A 等值，验证电压、电流相位关系。

表 3-13　测试表

	测量数值						计算数值	
	P（W）	cosφ	I（A）	U（U）	U_L（V）	U_A（V）	r（Ω）	cosφ
启辉值								
正常工作值								

（3）并联电路——电路功率因素的改善。按图 3-18 所示组成实验电路，经指导教师检查后接通实验台电源，调节自耦变压器的输出调至 220 V，记录功率表、电压表读数。通过一只电流表和三个电流插座分别测得三条支路的电流，改变电容值，进行三次重复测量。记录数据在表 3-14 中。

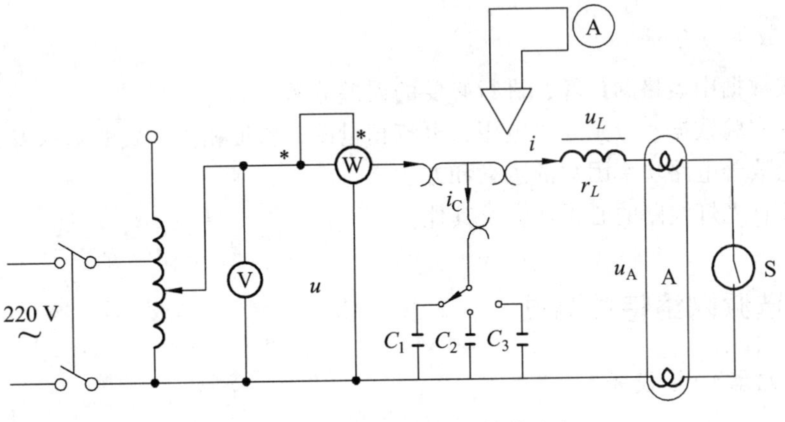

图 3-18　曝光灯电路加入补偿电容

4. 实验注意事项

（1）本实验采用交流市电 220 V，务必注意用电和人身安全。

（2）功率表要正确接入电路。

（3）线路接线正确，日光灯不能启辉时，应检查启辉器及其接触是否良好。

表 3-14　测试表

电容值	测量数值						计算值	
（μF）	P（W）	$\cos\varphi$	U（V）	I（A）	I_L（A）	I_C（A）	I'（A）	$\cos\varphi$
0								
1								
2.2								
4.7								

5. 实验报告与分析

1）实验目的

（1）研究正弦稳态交流电路中电压、电流相量之间的关系。

（2）掌握日光灯线路的接线。

（3）理解改善电路功率因素的意义并掌握其他的方法。

2）预习与思考

（1）参考课外资料，了解日光灯启辉的原理。

（2）在日常生活中，当日光灯缺少了启辉器时，人们常用一根导线将启辉器的两端短接一下，然后迅速断开，使日光灯点亮（DGJ－04 实验挂箱上有短接按钮，可用它代替启辉器做试验）；或用一只启辉器去点亮多只同类型的日光灯，这是为什么？

（3）为了改善电路的功率因数，常在感性负载上并联电容器，此时增加了一条电流支路，试问电路的总电流是增大还是减小，此时感性元件上的电流和功率是否改变？

（4）提高线路功率因数为什么只采用并联电容器法，而不是串联法？所并的电容器是否越大越好？

3）实验数据与分析

（1）完成数据中表格的计算，进行必要的误差分析。

（2）根据实验数据，分别绘出电压，电流相量图，验证相量形式的基尔霍夫定律。

（3）讨论改善电路功率因数的意义和方法。

（4）装接日光灯线路的心得体会及其他。

3.1.7　*RC* 选频网络特性测试

1. 实验元器件与设备

表 3-15　实验元器件与设备

序号	名称	型号与规格	数量	备注
1	函数信号发生器及频率计		1	
2	双频示波器		1	自备
3	交流毫伏表	0 ~ 600 V	1	
4	*RC* 选频网络实验板		1	DGJ-03

2. 实验原理与说明

文氏电桥电路是一个 RC 的串、并联电路，如图 3-19 所示。该电路结构简单，被广泛地用于低频振荡电路中作为选频环节，可以获得很高纯度的正弦波电压。

（1）用函数信号发生器的正弦输出信号作为图 3-19 的激励信号 u_i，并保持 u_i 值不变的情况下，改变输入信号的频率 f，用交流毫伏表或示波器测出输出端相应于各个频率点下的输出电压 u_o 值，将这些数据画在以频率 f 为横轴，u_o 为极轴的坐标纸上，用一条光滑的曲线连接这些点，该曲线就是上述电路的幅频特性曲线。

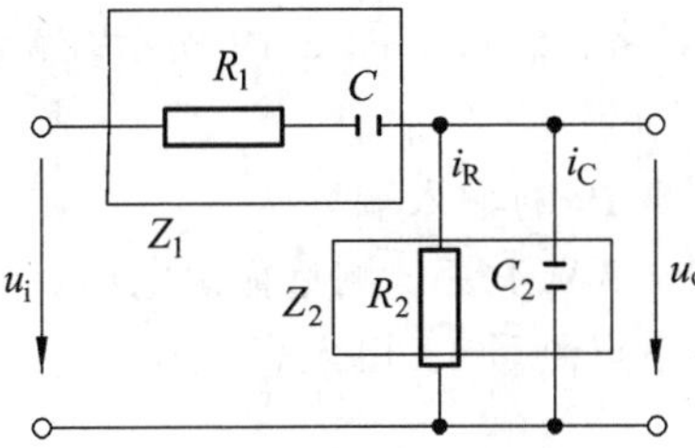

图 3-19　文化电桥电路

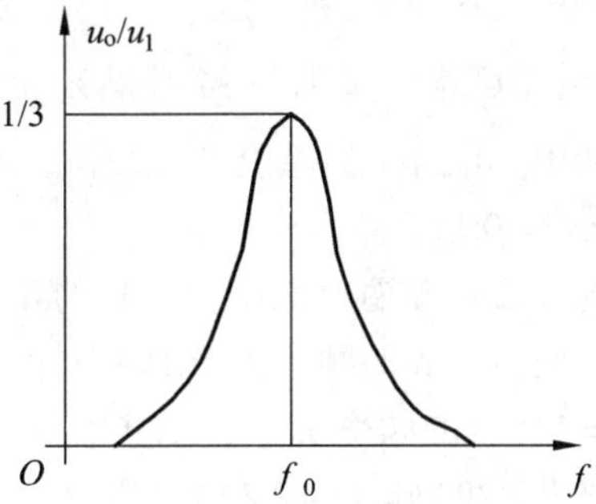

图 3-20　输出电压与输入电压之比随输入信号频率变化

文氏桥路的一个特点是其输出电压幅度不仅会随输入信号的频率而变，而且还会出现一个与输入电压同相位的最大值，如图 3-20 所示。

由电路分析得知，该网络的传递函数为

$$\beta = \frac{1}{3 + \mathrm{j}(\omega RC - 1/\omega RC)}$$

当角频率 $\omega = \omega_0 = \dfrac{1}{RC}$ 时

$$|\beta| = \frac{U_o}{U_i} = \frac{1}{3}$$

此时 u_o 与 u_i 同相。由图 3-21 可见 RC 串并联电路具有带通特性。

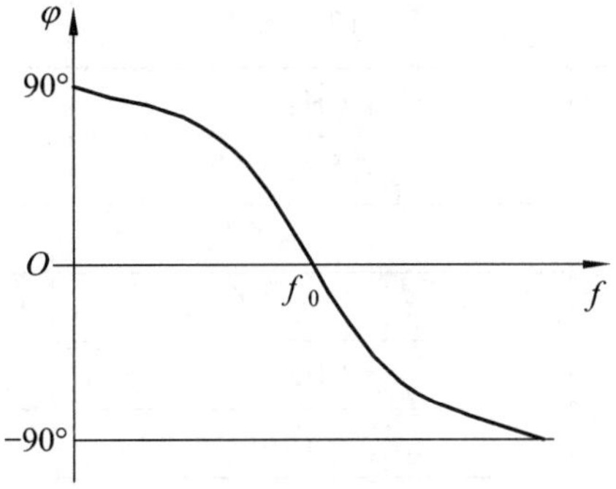

图 3-21　RC 串并联电路带通特性

（2）将上述电路的输入和输出分别接到双踪示波器的 Y_A 和 Y_B 两个输入端，改变输入正弦信号的频率，观测相应的输入和输出波形间的时延 τ，信号的周期为 T，则两波形间的相位差为 $Q=\frac{\tau}{T}\times 360°=\varphi_0-\varphi_1$（输出相位与输入相位之差）。

将各个不同频率下的相位差 φ 画在以 f 为横轴，φ 为极轴的坐标纸上，用光滑的曲线将这些点连接起来，即是被测电路的相频特性曲线，如图 3-21 所示。

由电路分析理论得知，当 $\omega=\omega_0=\frac{1}{RC}$，即 $f=f_0=\frac{1}{2\pi RC}$ 时，$\varphi=0$，即 u_o 与 u_i 同相位。

3. 实验内容与步骤

1）测量 RC 串、并联电路的幅频特性

（1）利用 DGJ-03 挂箱上“RC 串、并联选频网络”电路，组成如图 3-19 所示线路。取 $R=1\ \text{k}\Omega$，$C=0.1\ \mu\text{F}$。

（2）调节信号源输出电压为 3 V 的正弦信号，接入图 3-19 的输入端。

（3）改变信号源的频率 f（由频率计读得），并保持 $U_i=3$ V 不变，测量输出电压 U_o（可先测量 $\beta=1/3$ 时的频率 f_0，然后再在 f_0 左右设置其他频率点测量），填入表 3-16 中。

（4）取 $R=200\ \Omega$，$C=2.2\ \mu\text{F}$，重复上述测量。

表 3-16　测试表

$R=1\ \text{k}\Omega$ $C=0.1\ \mu\text{F}$	f（Hz）	
	u_o（V）	
$R=200\ \Omega$ $C=2.2\ \mu\text{F}$	f（Hz）	
	u_o（V）	

2）测量 RC 串、并联电路的相频特性

将图 3-19 所示的输入 u_i 和输出 u_o 分别接至双踪示波器的 Y_A 和 Y_B 两个输入端，R，C 取两组值，改变输入正弦信号的频率，观测不同频率点时，相应的输入与输出波形间的时延 τ 及信号的周期 T，两波形间的相位差为：$\varphi=\varphi_0-\varphi_1=\frac{\tau}{T}\times 360°$。测试结构填入表 3-17 中。

表 3-17　测试表

$R=1\ \text{k}\Omega$ $C=0.1\ \mu\text{F}$	f（Hz）	
	T（ms）	
	τ（ms）	
	φ	
$R=200\ \Omega$ $C=2.2\ \mu\text{F}$	f（Hz）	
	T（ms）	
	τ（ms）	
	φ	

4. 实验注意事项

由于信号源内阻的影响，输出幅度会随信号频率变化。因此，在调节输出频率时，应同时调节输出幅度，使实验电路的输入电压保持不变。

5. 实验报告与分析

1）实验目的

（1）熟悉文氏电桥电路的结构特点及其应用。

（2）学会用交流毫伏表和示波器测定文氏电桥的幅频特性和相频特性。

2）预习与思考

（1）根据电路参数，分别估算文氏桥电路两组参数时的固有频率 f_0。

（2）推导 RC 串并联电路的幅频、相频特性的数学表达式。

3）实验数据与分析

（1）根据实验数据，绘制文氏桥电路的幅频特性和相频特性曲线。找出 f_0，并与理论计算值比较，分析误差原因。

（2）讨论实验结果。

（3）心得体会及其他。

3.1.8 *R*、*L*、*C* 串联谐振电路的研究

1. 实验元器件与设备

表 3-18 实验元器件与设备

序号	名称	型号与规格	数量	备注
1	函数信号发生器		1	
2	交流毫伏表	0～600 V	1	
3	双踪示波器		1	自备
4	频率计		1	
5	谐振电路实验电路板			DGJ-03

2. 实验原理与说明

（1）在图 3-22 所示的 R、L、C 串联电路中，当正弦交流信号源的频率 f 改变时，电路中的感抗、容抗随之而变，电路中的电流也随 f 而变。取电阻 R 上的电压 u_o 作为响应，当输入电压 u_i 的幅值维持不变时，在不同频率的信号激励下，测出 u_o 之值，然后以 f 为横坐标，以 U_o/U_i 有效值比值为纵坐标（因 U_i 值不变，故也可直接以 U_o 值为纵坐标），绘出光滑的曲线，此即为幅频特性曲线，亦称谐振曲线，如图 3-23 所示。

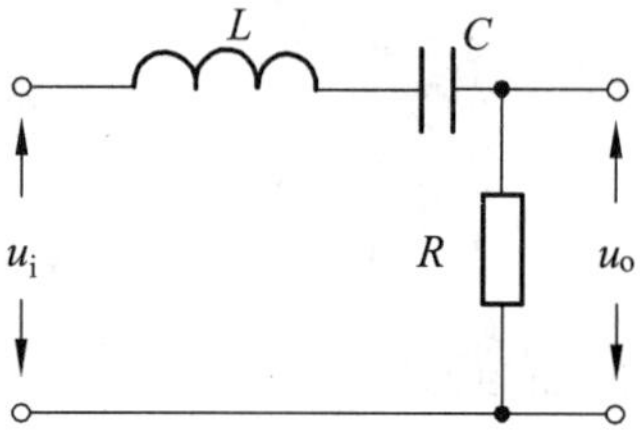

图 3-22　R，L，C 串联电路

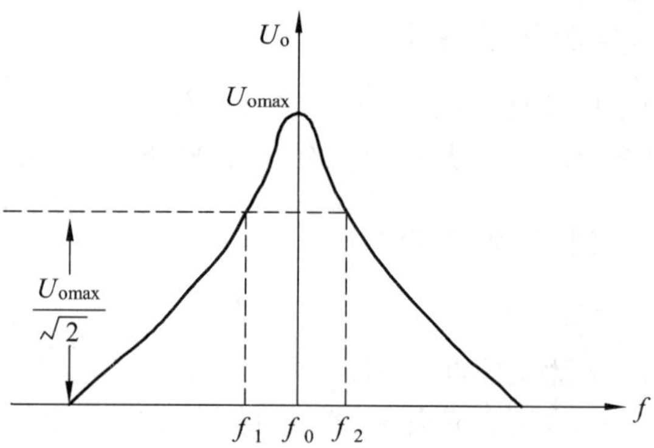

图 3-23　幅频特性曲线

（2）在 $f = f_0 = \dfrac{1}{2\pi\sqrt{LC}}$ 处，即幅频特性曲线尖峰所在的频率点称为谐振频率。此时 $X_L = X_C$，电路呈纯阻性，电路阻抗的模为最小。在输入电压 U_i 为定值时，电路中的电流达到最大值，且与输入电压 U_i 同相位。从理论上讲，此时 $U_i = U_R = U_o$，$U_L = U_C = QU_i$，式中的 Q 称为电路的品质因数。

（3）电路品质因数 Q 值的两种测量方法。

① 根据公式 $Q = \dfrac{U_L}{U_o} = \dfrac{U_C}{U_o}$ 测定，U_C 与 U_L 分别为谐振时电容器 C 和电感线圈 L 上的电压；

② 通过测量谐振曲线的通频带宽度 $\Delta f = f_2 - f_1$，再根据 $Q = \dfrac{f_0}{f_2 - f_1}$ 求出 Q 值。式中 f_0 为谐振频率，f_2 和 f_1 是失谐时，亦即输出电压的幅度下降到最大值的 $1/\sqrt{2}$（0.707）倍时的上、下频率点。Q 值越大，曲线越尖锐，通频带越窄，电路的选择性越好。在恒压源供电时，电路的品质因数、选择性与通频带只决定于电路本身的参数，而与信号源无关。

3. 实训步骤与测量

（1）按图 3-24 所示组成监视、测量电路。先选用 C_1、R_1。用交流毫伏表测电压，用示波器监视信号源输出。令信号源输出电压 $U_i = 4\ V_{P\text{-}P}$,，并保持不变。

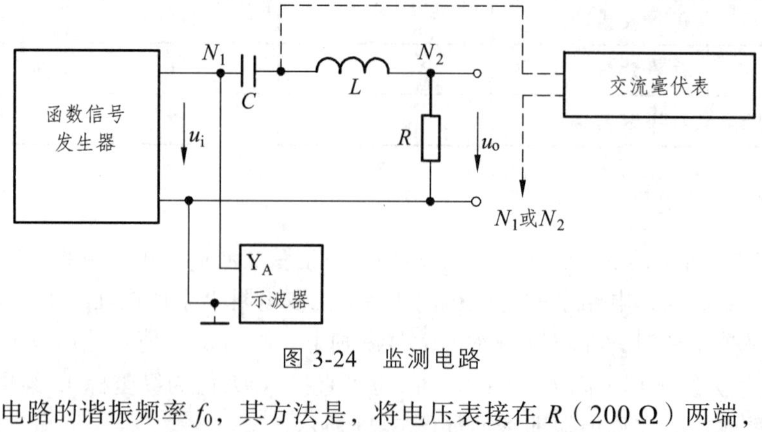

图 3-24　监测电路

（2）找出电路的谐振频率 f_0，其方法是，将电压表接在 R（200 Ω）两端，令信号源的频率由小逐渐变大（注意要维持信号源的输出幅度不变），当 U_o 的读数为最大时，读得频率计上的频率值即为电路的谐振频率f_0，并测量U_C与U_L之值（注意及时更换电压表的量限）。

（3）在谐振点两侧，按频率递增或递减 500 Hz 或 1 kHz，依次各取 8 个测量点，逐点测出U_O、U_L、U_C的值，记入数据表 3-19 中。

表 3-19　测试记录表

f（kHz）	
U_o（V）	
U_L（V）	
U_C（V）	
$U_i = 4$ Vp-p，$C = 0.01$ μF，$R = 200$ Ω，$f_0 =$　　，$f_2 - f_1 =$　　，$Q =$	

（4）将电阻改为R_2，重复步骤（2），（3）的过程，结果填入表 3-20 中。

表 3-20　测试记录表

f（kHz）	
U_o（V）	
U_L（V）	
U_C（V）	
$U_i = 4$ Vp-p，$C = 0.01$ μF，$R = 200$ Ω，$f_0 =$　　，$f_2 - f_1 =$　　，$Q =$	

（5）选C_2，重复（2）~（4）（自制表格）。

4. 实训注意事项

（1）测试频率点的选择应在靠近谐振频率附近多取几点。在变换频率测试前，应调整信号输出幅度（用示波器监视输出幅度），使其维持在 3 V。

（2）测量U_C和U_L数值前，应将电压表的量限改大，而且在测量U_L与U_C时电压表的“+”端接C与L的公共点，其接地端分别触及L和C的近地端N_2和N_1。

（3）实训中，信号源的外壳应与电压表的外壳绝缘（不共地）。如能用浮地式交流电压表测量，则效果更佳。

5. 实验报告与分析

1）实验目的

（1）学习用实训方法绘制R、L、C串联电路的幅频特性曲线。

（2）加深理解电路发生谐振的条件、特点，掌握电路品质因数（电路Q值）的物理意义及其测定方法。

2）预习与思考

（1）根据实训线路板给出的元件参数值，估算电路的谐振频率。

（2）改变电路的哪些参数可以使电路发生谐振，电路中R的数值是否影响谐振频率值？

（3）如何判别电路是否发生谐振?测试谐振点的方案有哪些?

（4）电路发生串联谐振时，为什么输入电压不能太大，如果信号源给出 3 V 的电压，电路谐振时，用交流电压表测 U_L 和 U_C，应该选择用多大的量限?

（5）要提高 R、L、C 串联电路的品质因数，电路参数应如何改变?

（6）本实训在谐振时，对应的 U_L 与 U_C 是否相等？如有差异，原因何在?

3）实验数据与分析

（1）根据测量数据，绘出不同 Q 值时三条幅频特性曲线，即：

$$U_O = f(f),\ U_L = f(f),\ U_C = f(f)$$

（2）计算出通频带与 Q 值，说明不同 R 值时对电路通频带与品质因数的影响。

（3）对两种不同的测 Q 值的方法进行比较，分析误差原因。

（4）谐振时，比较输出电压 U_O 与输入电压 U_i 是否相等？试分析原因。

（5）通过本次实训，总结、归纳串联谐振电路的特性。

（6）心得体会及其他。

3.2 单相交流电照明电路

3.2.1 日光灯安装

1. 实验元器件与设备

表 3-21 实验元器件与设备

序号	名　称	型号与规格	数量	备注
1	交流安培表	D26-A	3 只	
2	数字万用表		1 只	
3	交流伏特表	D26-V	1 只	
4	日光灯管、启辉器、镇流器		各 1 个	
5	低功率因数功率表	D39-W	1 只	
6	开关		2 个	

2. 实验原理及说明

1）日光灯电路原理

日光灯电路如图 3-25 所示，由灯管、镇流器和启辉器（启动器）三部分组成。灯管为一根均匀涂有荧光物质的玻璃管，管内充有少量水银蒸气和惰性气体，灯管两端装有灯丝电极。镇流器为一个铁芯线圈，其作用是日光灯启辉时，产生高压将灯管点亮；在日光灯管工作时，限制电流。启辉器是一个充有氖气的玻璃泡，并装有两个电极（双金属片和定片）。灯管在工作时，可以认为是一个电阻负载。镇流器是一个铁芯线圈，可以认为是一个电感很大的感性负载。二者串联构成一个 *RL* 串联电路。当接通电源后，启辉器内双金属片与定片之间的气隙被击穿，连续发生火花，使双金属片受热伸张而与定片接触，于是灯管的灯丝接通。灯丝遇热后发射电子，这时双金属片逐渐冷却而与定片分开。镇流器线圈因灯丝电路突然断开而感应出很高的感应电动势，它和电源电压串联加到灯管的两端，使管内气体电离产生光放电而发光。这时，启辉器停止工作。电源电压大部分降在镇流器上，镇流器起降压限流作用，30 W 或 40 W 的灯管点燃后的管压降仅 100 V 左右。

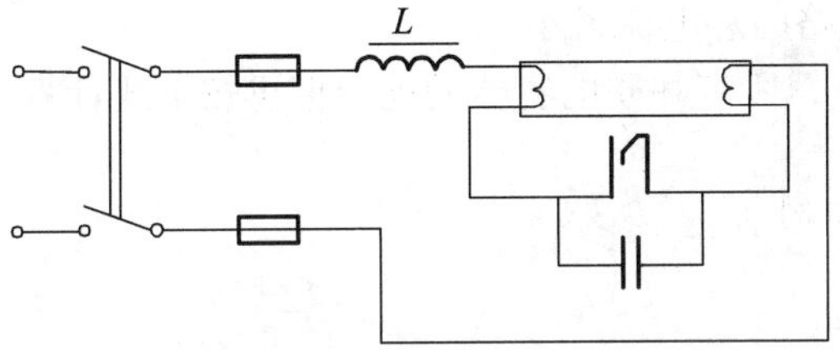

图 3-25　日光灯电路

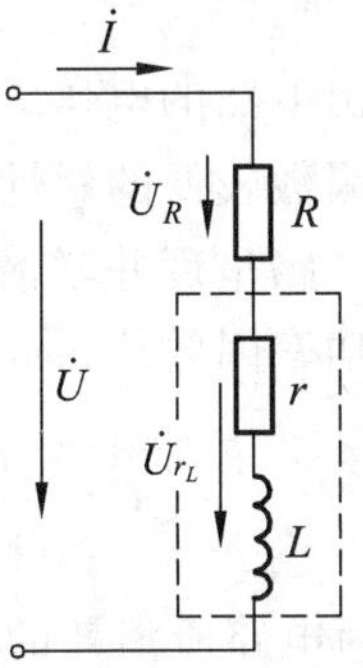

图 3-26　等效电路

2）设计要求

（1）本实验以日光灯电路作为感性负载，要求电路的功率因数由 0.4 提高到 0.8 左右，并计算相应的元件参数，拟出实验步骤，设计具体实验线路和记录表格，选择适当的仪表测量电路端电压、灯管电压、镇流器电压、电路各支路电流以及电路总功率（15 W 左右）。并根据所测数据算出日光灯电路的功率因数 $\cos\varphi_1$、等效电抗 X、镇流器的等效电阻 R 及等效电感 L 值、镇流器的铁耗和铜耗。

（2）预习要求：预习有关理论，写出实验方案、步骤，画出实验电路图，列出数据记录表格，根据实验室所提供的仪器和设备，列出表格，记录选择仪器仪表、设备的名称、型号、规格、数量等。

3）设计提示

镇流器是一个铁芯线圈，可用一个无铁芯的电感和电阻串联成的电路来等效，如图 3-26 中虚线框所示。镇流器在工作时，它有两部分功率的损耗，一部分是线圈电阻 r_{Cu} 的损耗（铜耗）$P_{\text{Cu}}=I^2r_{\text{Cu}}$；另一部分是铁芯损耗 P_{Fe}（铁耗）。用等效电阻 r 的功率损耗代替这两部分损耗，即

$$I^2r=P_{\text{FC}}+P_{\text{Cu}}$$

则镇流器的等效感抗为

$$X=\sqrt{\left(\frac{U_{rL}}{I}\right)^2-r^2}=\omega L$$

式中，L 为等效电感，$L=\dfrac{X}{2\pi f}$；$f=50\text{ Hz}$；$\omega=2\pi f$；U_{rL} 为镇流器的端电压。

所以，就整个日光灯电路来讲，可以用图 3-26 的等效串联电路来表示，其中 R 为灯管的等效电阻。

电路所消耗的功率为

$$P = UI\cos\varphi_1$$

$\cos\varphi_1$ 为电路的功率因数。上式又可以写成

$$\cos\varphi_1 = \frac{P}{UI} = \frac{P}{S}$$

因此，测出电路的电压、电流和功率的数值后，即可求得电路的功率因数 $\cos\varphi_1$ 之值。

功率因数较低的感性负载，并联适量的电容器可以提高电路的功率因数。当功率因数等于 1 时，电路呈现并联谐振，这时，电路的总电流最小。

假定功率因数从 $\cos\varphi_1$ 提高到 $\cos\varphi$，所需并联电容器的电容值可按下式计算

$$C = \frac{P}{\omega U^2} = (\tan\varphi_1 - \tan\varphi)$$

式中，P 为电路所消耗的功率（W）。

在这个实验中，用日光灯电路模拟 RL 串联电路，用并联电容的方法可以提高电路的功率因数。但实际日光灯的电压波形不是正弦波，若按正弦交流电路估算，误差较大，且不能用万用表交流电压挡测量其电压。

3. 实验注意事项

（1）正确使用仪表，注意仪表的量程。
（2）镇流器不能短路，否则将导致灯管损坏。
（3）安全用电，接通电源后，切勿接触金属裸露部分。
（4）实验电路设计完后，需经老师检查同意，才能开始实验。

4. 实验总结与分析

1）实验目的

（1）通过实验设计，掌握日光灯电路的工作原理和接线方法。
（2）解决一个实际问题：感性负载功率因数的提高方法，理解提高功率因数的意义。
（3）通过实验，能深刻理解交流电路中电压、电流的相位关系。
（4）学习功率表的使用方法。
（5）初步掌握实验设计的基本方法。

2）实验报告要求

（1）将自拟的实验步骤、实验线路和表格按要求写在报告上，并整理实验数据。
（2）对实验结果出现的误差进行分析和讨论。

3）思考与总结

（1）试叙述日光灯电路原理。

（2）提高电路功率因数的方法是什么？如何计算电容值？

（3）设计总结。

3.2.2 单相电度表的检验

1. 实验元器件与设备

表 3-22 实验元器件与设备

序号	名称	型号与规格	数量	备注
1	电度表	1.5（6）A	1	
2	单相功率表		1	
3	交流电压表	0 ~ 500 V	1	DGJ- 07
4	交流电流表	0 ~ 5 A	1	
5	自耦调压器		1	
6	白炽灯	220 V，100 W	3	自备
7	灯泡、灯泡座	220 V，15 W	9	DGJ-04
8	秒表		1	自备

2. 实验原理及说明

（1）电度表是一种感应式仪表，是根据交变磁场在金属中产生感应电流，从而产生转矩的基本原理而工作的仪表，主要用于测量交流电路中的电能。它的指示器能随着电能的增大不断增大（也就是随着时间的延续）而连续转动，从而能随时反映出电能积累的总数值。因此，它的指示器是一个“积算机构”，是将转动部分通过齿轮传动机构折换为被测电能的数值，由数字及刻度直接指示出来。

它的驱动元件是由电压铁芯线圈和电流铁芯线圈在空间上、下排列，中间隔以铝制的圆盘。驱动两个铁芯线圈的交流电，建立起合成的特殊分布的交变磁场，并穿过铝盘，在铝盘上产生出感应电流。该电流与磁场的相互作用结果产生转动力矩驱使铝盘转动。铝盘上方装有一个永久磁铁，其作用是对转动的铝盘产生制动力矩，使铝盘转速与负载功率成正比。因此，在某一段测量时间内，负载所消耗的电能 W 就与铝盘的转数 n 成正比。即 $N=\dfrac{n}{W}$，比例系数 N 称为电度表常数，常在电度表上标明，其单位是转/千瓦小时。

（2）电度表的灵敏度是指在额定电压、额定频率及 $\cos\varphi=1$ 的条件下，从零开始调节负载电流，测出铝盘开始转动的最小电流值 $I_{\min}$，则仪表的灵敏度表示为 $S=\dfrac{I_{\min}}{I_{\mathrm{N}}}\times 100\%$，式中的 I_{N} 为电度表的额定电流，$I_{\min}$ 通常较小，约为 I_{N} 的 0.5%。

（3）电度表的潜动是指负载电流等于零时，电度表仍出现缓慢转动的现象。按照规定，无负载电流时，在电度表的电压线圈上施加其额定电压的 110%（达 242 V）时，观察其铝盘的转动是否超过一圈。凡超过一圈者，判为潜动不合格。

3. 实验内容与步骤

记录被校验电度表的数据：额定电流 I_N = __________，额定电压 U_N = __________，电度表常数 N = __________，准确度为__________。

1）用功率表、秒表法校验电度表的准确度

按图 3-27 所示接线。电度表的接线与功率表相同，其电流线圈与负载串联，电压线圈与负载并联。

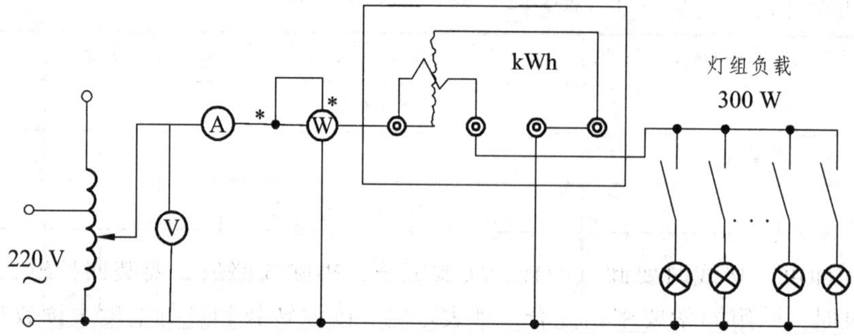

图 3-27 电度接线图

线路经指导教师检查无误后，接通电源。将调压器的输出电压调到 220 V，按表 3-22 的要求接通灯组负载，用秒表定时记录电度表转盘的转数及记录各仪表的读数。

为了准确地计时及计圈数，可将电度表转盘上的一小段着色标记刚出现（或刚结束）时作为秒表计时的开始，并同时读出电度表的起始读数。此外，为了能记录整数转数，可先预定好转数，待电度表转盘刚转完此转数时，作为秒表测定时间的终点，并同时读出电度表的终止读数。所有数据记入表 3-23 中。

表 3-23 测试表

负载情况	测量值							计算值		
	U（V）	*I*（A）	电表读数（kWh）			时间（s）	转数 *n*	计算电能 W(kWh)	Δ*W*/*W*（%）	电度表常数 *N*
			起	止	W					
300 W										
300 W										

建议 *n* 取 24 圈，则 300 W 负载时，需时 2 min 左右。为了准确和熟悉起见，可重复多做几次。

2）电度表灵敏度的测试

电度表灵敏度的测试要用到专用的变阻器，一般都不具备。此处可将图 3-27 中的灯组负载改成三组灯组相串联，并全部用 220 V、15 W 灯泡。再在电度表与灯组负载之间串接电阻。电阻取自 DGJ-05 挂箱上的 8 W，10 kΩ、20 kΩ电阻（面板标注为 2 W，为配合本实验，这两只电阻实际为 8 W）。每组先开通一只灯泡，接通 220 V 电源后看电度表转盘是否开始转动，然后逐只增加灯泡或者减少电阻，直到转盘开转。则这时电流表的读数可大致作为其灵敏度。

请自行估算其误差。

做此实验前应使电度表转盘的着色标记处于可看见的位置。由于负载很小，转盘的转动很缓慢，必须耐心观察。

3）检查电度表的潜动是否合格

断开电度表的电流线圈回路，调节调压器的输出电压为额定电压的 110%（即 242 V），仔细观察电度表的转盘有否转动。一般允许有缓慢地转动，若转动不超过一圈即停止，则该电度表的潜动为合格，反之则不合格。

实验前应使电度表转盘的着色标记处于可看见的位置。由于“潜动”非常缓慢，要观察正常的电度表“潜动”是否超过一圈，需要 1 h 以上。

4. 实验注意事项

（1）本实验台配有一只电度表，实验时，只要将电度表挂在 DGJ-04 挂箱上的相应位置，并用螺母紧固即可。接线时要卸下护板，实验完毕，拆除线路后，要装回护板。

（2）记录时，同组同学要密切配合。秒表定时、读取转数和进行电度表读数步调要一致，以确保测量的准确性。

（3）实验中用到 220 V 市电，操作时应注意安全。凡需改动接线，必须切断电源，接好线后，检查无误后才能加电。

5. 实验报告与分析

1）实验目的

（1）掌握电度表的接线方法。

（2）学会电度表的检验方法。

2）预习与思考

（1）查找有关资料，了解电度表的结构、原理及其检定方法。

（2）电度表接线有哪些错误接法，它们会造成什么后果？

3）实验数据与分析

（1）对被校电度表的各项技术指标作出评论。

（2）对校表工作的体会。

（3）其他。

3.3 互感耦合电路

本小节对互感的知识以及相关应用电路进行了一些实验和实训，其包括互感电路中线圈同名端差别、变压器测试等。

3.3.1 互感电路测试

1. 实验元器件与设备

表 3-24 实验元器件与设备

序号	名称	型号与规格	数量	备注
1	直流数字电压表	0 ~ 200 V	1	
2	直流数字毫安表	0 ~ 500 mA	1	
3	交流电压表	0 ~ 500 V	1	
4	交流电流表	0 ~ 5 A	1	
5	空心互感线圈	N1 为大线圈 N2 为小线圈	1 对	DGJ-04
6	自耦调压器		1	
7	直流稳压电源	0 ~ 30 V	1	
8	电阻器	51 Ω/8 W 510 Ω/2 W	各 1	DGJ-05 电阻箱
9	发光二极管	红或绿	1	DGJ-05
10	粗、细铁棒、铝棒		各 1	DGJ-04
11	变压器	36 V/220 V	1	DGJ-04

2. 实验原理及说明

1）判断互感线圈同名端的方法

（1）直流法。

如图 3-28 所示，当开关闭合瞬间，若毫安表的指针正偏，则可判定“1”“3”为同名端；指针反偏，则“1”“4”为同名端。

（2）交流法。

如图 3-29 所示，将两个绕组 N_1 和 N_2 的任意两端（如 2、4 端）联在一起，在其中的一个绕组（如 N_1）两端加一个低电压，另一绕组（如 N_2）开路，用交流电压表分别测出端电压 U_{13}、U_{12} 和 U_{34}。若 U_{13} 是两个绕组端压之差，则 1、3 是同名端；若 U_{13} 是两绕组端电压之和，则 1、4 是同名端。

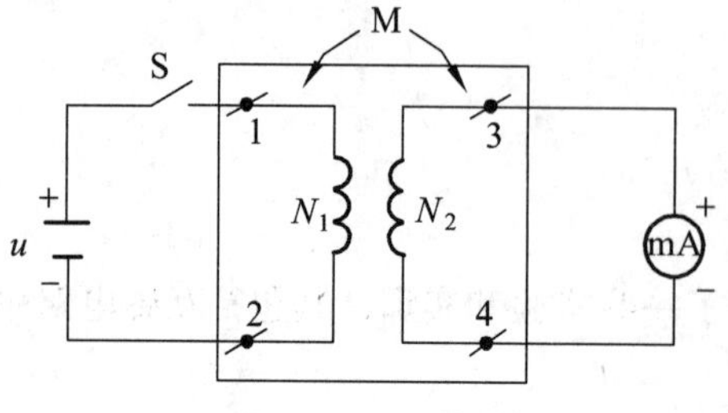

图 3-28 直流法

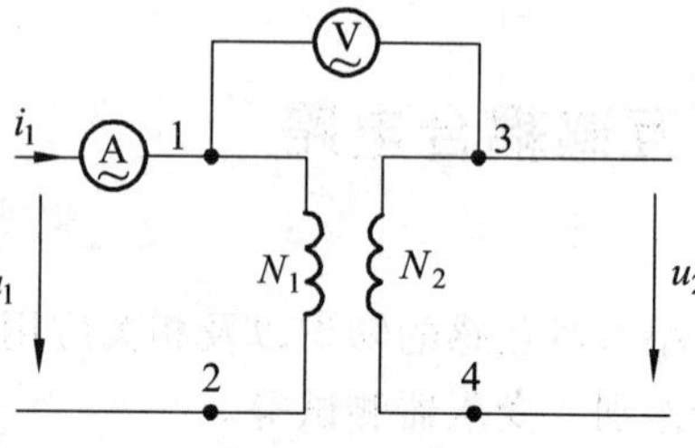

图 3-29 交流法

2）两线圈互感系数 M 的测定

在图 3-29 所示的 N_1 侧施加低压交流电压 U_1，测出 I_1 及 U_2。根据互感电势 $E_2M \approx \omega MI_1$，可算得互感系数为 $M = \dfrac{U_2}{\omega I_1}$

3）耦合系数 k 的测定

两个互感线圈耦合松紧的程度可用耦合系数 k 来表示 $k = M/\sqrt{L_1L_2}$。如图 3-28，先在 N_1 侧加低压交流电压 U_1，测出 N_2 侧开路时的电流 I_1；然后再在 N_2 侧加电压 U_2，测出 N_1 侧开路时的电流 I_2，求出各自的自感 L_1 和 L_2，即可算得 k 值。

3. 实验内容与步骤

（1）分别用直流法和交流法测定互感线圈的同名端。

① 直流法。

实验线路如图 3-30 所示。先将 N_1 和 N_2 两线圈的四个接线端子编以 1、2 和 3、4 号。将 N_1，N_2 同心地套在一起，并放入细铁棒中。U 为可调直流稳压电源，调至 10 V。N_1 流过测的电流不可超过 0.4 A（选用 5 A 量程的数字电流表）。N_2 测直接接入 2 mA 量程毫安表。将铁棒迅速地拔出和插入，观察毫安表读数正、负变化，来判断 N_2 和 N_1 两个线圈的同名端。

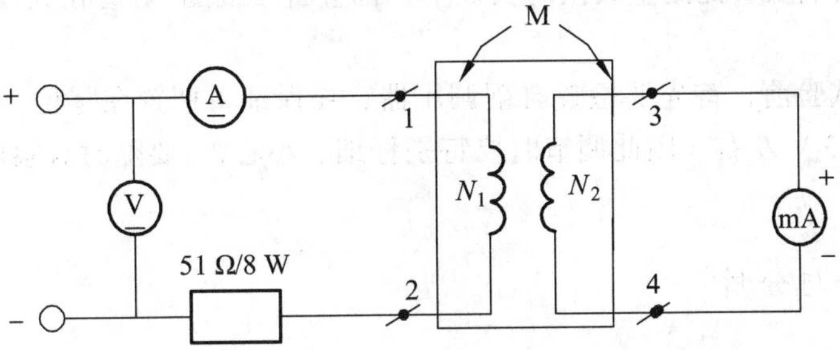

图 3-30　直流法测定互感线圈同名端

② 交流法。

本方法中，由于加在 N_1 上的电压较低，直接用屏内调压器很难调节，因此采用图 3-31 的电路来扩展调压器的调节范围。图中 W、N 为主屏上的自耦调压器的输出端，B 为升压铁芯变压器，此处作降压用。将 N_2 放入 N_1 中，并在两线圈中插入铁棒。A 为 2.5 A 以上量程的电流表，N_2 侧开路。

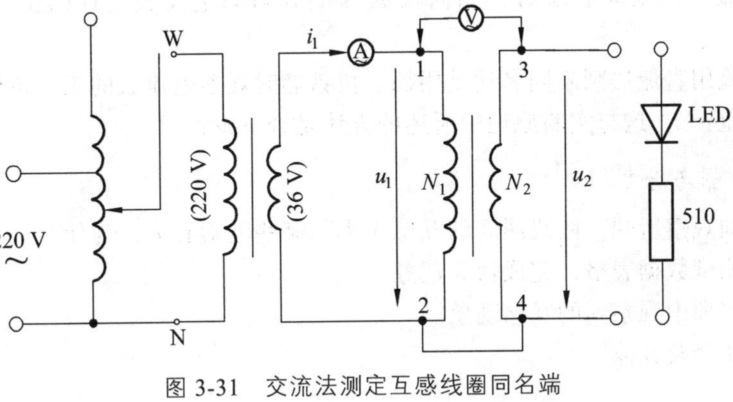

图 3-31　交流法测定互感线圈同名端

接通电源前，应首先检查自耦调压器是否调至零位，确认后方可接通交流电源，令自耦调压器输出一个很低的电压（约 12 V 左右），使流过电流表的电流小于 1.4 A，然后用交流电压表测量 U_{13}，U_{12}，U_{34}，判定同名端。

拆去 2、4 连线，并将 2、3 相接，重复上述步骤，判定同名端。

（2）拆除 2、3 连线，测 U_1，I_1，U_2，计算出 M。

（3）将低压交流加在 N_2 侧，使流过 N_2 侧电流小于 1 A，N_1 侧开路， 按步骤（2）测出 U_2、I_2、U_1。

（4）用万用表的 $R\times1$ 挡分别测出 N_1 和 N_2 线圈的电阻值 R_1 和 R_2，计算 k 值。

（5）观察互感现象。

在图 3-31 的 N_2 侧接入 LED 发光二极管与 510 Ω（用电阻箱）串联的支路。

① 将铁棒慢慢地从两线圈中抽出和插入，观察交流电压表的变化，记录现象。

② 将两线圈改为并排放置，并改变其间距，以及分别或同时插入铁棒，观察交流电压表的变化及仪表读数。

③ 改用铝棒替代铁棒，重复①、②的步骤，观察 LED 亮度的变化，记录现象。

4. 实训注意事项

（1）测定同名端及其他测量数据的实训中，都应将小线圈 N_2 套在大线圈 N_1 中，并插入铁芯。

（2）做交流试验前，首先要检查自耦调压器，要保证手柄置在零位。因实训时加在 N_1 上的电压只有 2 ~ 3 V 左右，因此调节时要特别仔细、小心， 要随时观察电流表的读数，不得超过规定值。

5. 实训报告与分析

1）实验目的

（1）观察两个线圈互感耦合受哪些因素的影响。

（2）判别两个线圈的同名端。

（3）学会互感系数以及耦合系数的测定方法。

2）预习与思考

（1）用直流法判断同名端时，如何根据 S 断开瞬间毫安表指针的正、反偏来判断同名端？

（2）本实验用直流法判断同名端是用插、拔铁芯时观察电流表的正、负读数变化来确定的（应如何确定？），这与实验原理中所述的方法是否一致？

3）实验数据与分析

（1）从实训观察所知，两线圈间的互感大小与哪些因素有关，为什么？

（2）自拟测试数据表格，完成计算任务。

（3）解释实训中观察到的互感现象。

（4）心得体会及其他。

3.3.2　单相铁芯变压器特性的测试

1. 实验元器件与设备

表 3-25　实验元器件与设备

序号	名称	型号与规格	数量	备注
1	交流电压表	0 ~ 500 V	1	
2	交流电流表	0 ~ 5 A	1	
3	单相功率表		1	（DGJ-07）
4	试验变压器	220 V/36 V 50 VA	1	DGJ-04
5	自耦调压器		1	
6	白炽灯	220 V，25 W	5	DGJ-04

2. 实验原理及说明

（1）如图 3-32 所示为测试变压器参数的电路。由各仪表读得变压器原边（AX，低压侧）的 U_1、I_1、P_1 及副边（ax，高压侧）的 U_2、I_2，并用万用表 $R\times 1$ 档测出原、副绕组的电阻 R_1 和 R_2，即可算得变压器的以下各项参数值：电压比 $k_u = U_1/U_2$，电流比 $kI = I_2/I_1$，原边阻抗 $Z_1 = U_1/I_1$，副边阻抗 $Z_2 = U_2/I_2$，阻抗比 = Z_1/Z_2，负载功率 $P_2 = U_2I_2\cos\varphi_2$，损耗功率 $P_o = P_1 - P_2$，功率因数 = $P_1/(U_1I_1)$，原边线圈铜耗 $P_{cu1} = I_{21}R_1$，副边铜耗 $Pcu_2 = I_{22}R_2$，铁耗 $P_{Fe} = P_o - (P_{cu1} + P_{cu2})$。

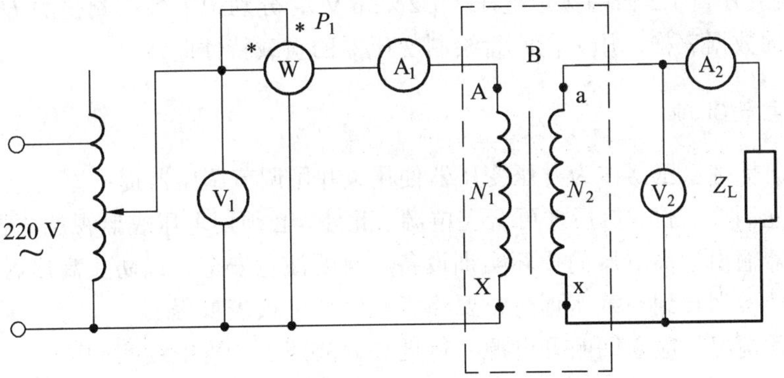

图 3-32　测试变压器参数电路

（2）铁芯变压器是一个非线性元件，铁芯中的磁感应强度 B 决定于外加电压的有效值 U。当副边开路（即空载）时，原边的励磁电流 I_{10} 与磁场强度 H 成正比。在变压器中，副边空载时，原边电压与电流的关系称为变压器的空载特性，这与铁芯的磁化曲线（B-H 曲线）是一致的。

空载实训通常是将高压侧开路，由低压侧通电进行测量，又因空载时功率因数很低，故测量功率时应采用低功率因数瓦特表。此外因变压器空载时阻抗很大，故电压表应接在电流表外侧。

（3）变压器外特性测试。

为了满足灯泡负载额定电压为 220 V 的要求，故以变压器的低压（36 V）绕组作为原边，220 V 的高压绕组作为副边，即当作一台升压变压器使用。

在保持原边电压 U_1（36 V）不变时，逐次增加灯泡负载（每只灯为 25 W），测定 U_1、U_2、I_1 和 I_2，即可绘出变压器的外特性，即负载特性曲线 $U_2 = f(I_2)$。

3. 实验内容与步骤

（1）用交流法判别变压器绕组的同名端（参照 3.3.1 小节）。

（2）利用 DDZ-20 实训箱上的“铁芯变压器”及 DDZ-14 中的灯组负载，按图 3-32 线路接线。A、X 为变压器的低压绕组，a、x 为变压器的高压绕组。即电源经屏内调压器接至低压绕组，高压绕组 220 V 接 Z_L 即 25 W 的灯组负载（灯泡并联），经指导教师检查后方可进行实验。

（3）将调压器手柄置于输出电压为零的位置（逆时针旋到底），合上电源开关，并调节调压器，使其输出电压为 36 V。当负载开路及逐次增加（最多亮 5 个灯泡）时，记下仪表的读数（自拟数据表格），绘制变压器外特性曲线。实训完毕将调压器调回零位，断开电源。

当负载为 4 个或 5 个灯泡时，变压器已处于超载运行状态，很容易烧坏。因此，测试和记录应尽量迅速，总共不应超过 2 min。实训时，可先将 5 只灯泡并联安装好，断开控制每个灯泡的相应开关，通电且电压调至规定值后，再逐一打开各个灯的开关，并记录仪表读数。待数据记录完毕后，立即用相应的开关断开各灯。

（4）将高压侧（副边）开路，确认调压器处在零位后，合上电源，调节调压器输出电压，使 U_1 从零逐次上升到 1.2 倍的额定电压（1.2×36 V），分别记下各次测得的 U_1，U_{20} 和 I_{10} 数据，记入自拟的数据表格，用 U_1 和 I_{10} 绘制变压器的空载特性曲线。

4. 实训注意事项

（1）本实训是将变压器作为升压变压器使用，并用调节调压器提供原边电压 U_1，故使用调压器时应首先调至零位，然后才可合上电源。此外，必须用电压表监视调压器的输出电压，防止被测变压器输出过高电压而损坏实训设备，且要注意安全，以防止高压触电。

（2）由负载实训转到空载实训时，要注意及时变更仪表量程。

（3）遇异常情况，应立即断开电源，待处理好故障后，再继续实验。

5. 实验报告与分析

1）实验目的

（1）通过测量，计算变压器的各项参数。

（2）学会测绘变压器的空载特性与外特性。

2）预习及思考

（1）为什么本实训将低压绕组作为原边进行通电实训？在实训过程中应注意什么问题？

（2）为什么变压器的励磁参数一定是在空载实训加额定电压的情况下求出？

3）实验数据与分析

（1）根据实训内容，自拟数据表格，绘出变压器的外特性和空载特性曲线。

（2）根据额定负载时测得的数据，计算变压器的各项参数。

（3）计算变压器的电压调整率：$\Delta U\% = \dfrac{U_{20} - U_{2N}}{U_{20}} \times 100\%$

（4）心得体会及其他。

3.4　三相交流电研究与电机控制技术

本小节对三相交流的基础知识以及相关基本常用器件进行了实验介绍，其包括三相交流电路电压和电流的测量、三相电路功率的测量、功率因数及相序的测量、三相鼠笼式异步电动机的使用与控制等。

3.4.1　三相交流电路电压、电流的测量

1. 实验元器件与设备

表 3-26　实验元器件与设备

序号	名称	型号与规格	数量	备注
1	交流电压表	0 ~ 500 V	1	
2	交流电流表	0 ~ 5 A	1	
3	万用表		1	自备
4	三相自耦调压器		1	
5	三相灯组负载	220 V, 25 W 白炽灯	9	DGJ-04
6	电流插座		3	DGJ-04

2. 实验原理及说明

（1）三相负载可接成星形（又称“Y”接）或三角形（又称“△”接）。当三相对称负载作星形连接时，线电压 U_L 是相电压 U_P 的 $\sqrt{3}$ 倍。线电流 I_L 等于相电流 I_P，即 $U_L = \sqrt{3}U_P$，$I_L = I_P$。

在这种情况下，流入中线的电流 $I_0 = 0$，所以可以省去中线。由三相三线制电源供电，无中线的星形连接称为 Y 接法。

当对称三相负载作三角形连接时，有 $I_L = \sqrt{3}I_P$，$U_L = U_P$。即线电流是相电流的 $\sqrt{3}$ 倍，线电压等于相电压。

（2）不对称三相负载作星形连接时，必须采用三相四线制接法，即 Y0 接法。而且中线必须牢固连接，以保证三相不对称负载的每相电压维持对称不变。

倘若中线断开，会导致三相负载的不对称，致使负载轻的那一相的相电压过高，使负载

遭受损坏；负载重的一相的相电压又过低，使负载不能正常工作。尤其是对于三相照明负载，无条件地一律采用 Y0 接法。

3. 实验内容与步骤

1）三相负载星形连接（三相四线制供电）

按图 3-33 所示线路连接实验电路。即三相灯组负载经三相自耦调压器接通三相对称电源。

将三相调压器的旋柄置于输出为 0 V 的位置（即逆时针旋到底）。经指导教师检查合格后，方可开启实验台电源，然后调节调压器的输出，使输出的三相线电压为 220 V，并按表 3-27 内容完成各项实验，分别测量三相负载的线电压，相电压，线电压、相电流、中线电流、电源与负载中点间的电压。将测得的数据记录表中，并观察各相灯组亮暗的变化程度，特别要注意观察中线的作用。

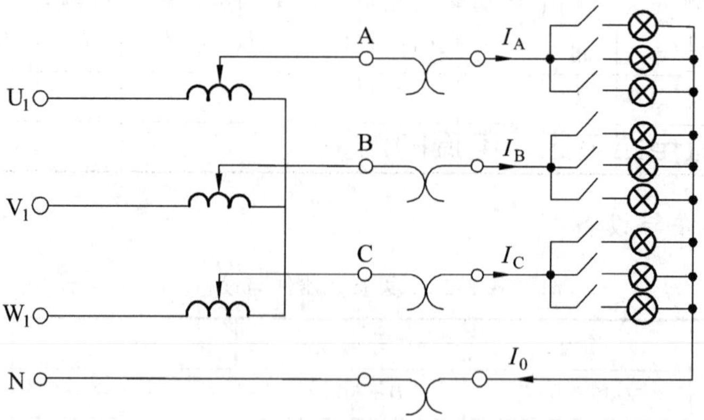

图 3-33 三相负载星形连接

表 3-27 测试表

测量数据 / 实验内容（负载情况）	开灯盏数			线电流（A）			线电压（V）			相电压（V）			中线电流 I_0（A）	中点电压 U_{N0}（V）
	A 相	B 相	C 相	I_A	I_B	I_C	U_{AB}	U_{BC}	U_{CA}	U_{A0}	U_{B0}	U_{C0}		
Y0 接平衡负载	3	3	3											
Y 接平衡负载	3	3	3											
Y0 接不平衡负载	1	2	3											
Y 接不平衡负载	1	2	3											
Y0 接 B 相断开	1		3											
Y 接 B 相断开	1		3											
Y 接 B 相短路	1		3											

2）负载三角形连接（三相三线制供电）

按图 3-34 改接线路，经指导教师检查合格后接通三相电源，并调节调压器，使输出电压为 220 V，并按表中的内容进行测试。

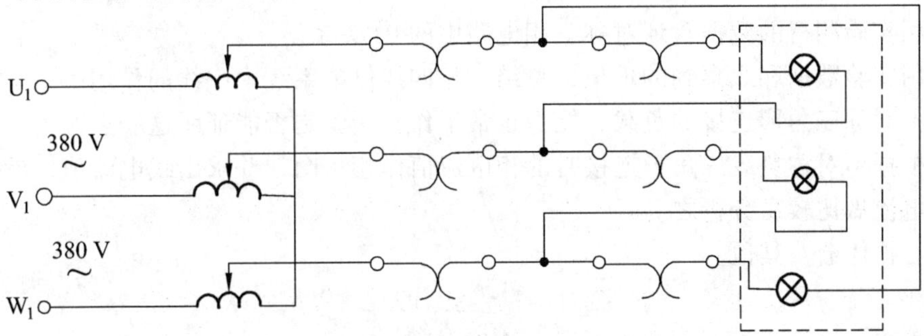

图 3-34 三相负载三角形连接

表 3-28 测试表

负载情况	开灯盏数			线电压＝相电压			线电流（A）			相电流（A）		
	A-B相	B-C相	C-A相	U_{AB}	U_{BC}	U_{CA}	I_A	I_B	I_C	I_{AB}	I_{BC}	I_{CA}
三相平衡	3	3	3									
三相不平衡	1	2	3									

4. 实验注意事项

（1）本实验采用三相交流市电，线电压 380 V，应穿绝缘鞋进实验室。实验时要注意人身安全，不可触及导电部件，防止意外事故发生。

（2）每次接线完毕，同组同学应自查一遍，然后有指导老师检查后，方可接通电源，必须严格遵守先断电、再接线、后拆线的实验操作原则。

（3）星形负载作短路实验时，必须首先断开中线，以免发生短路事故。

（4）为避免烧坏灯泡，DGJ-04 实验挂箱设有过电压保护装置。当任一相电压大于 245 V，即声光报警并跳闸。因此，在做 Y 接不平衡负载或缺相实验时，所加线电压应以最高相电压小于 240 V 为宜。

5. 实验报告与分析

1）实验目的

（1）掌握三相负载作星形连接，三角形连接的方法，验证这两种接法下线、相电压及线、相流之间的关系。

（2）充分理解三相四线供电系统中线的作用。

2）预习思考题

（1）三相负载根据什么条件作星形或三角形连接?

（2）复习三相交流电路有关内容，试分析三相星形连接不对称负载在无中线情况下，当某负载开路或短路时会出现什么状况？如果接上中线，情况又如何？

（3）本次实验中为什么要通过三相调压器将 380 V 的市电线电压降为 220 V 的线电压使用?

3）实验数据与分析

（1）用实验测得的数据验证对称三相电路中的 $\sqrt{3}$ 关系。

（2）用实验数据和观察到的现象，总结三相四线供电系统中中线的作用。

（3）不对称三角形连接的负载，能否正常工作？实验是否能证明这一点？

（4）根据不对称负载三角形连接时的相电流值作相量图，并求出线电流值，然后与实验测得的线电流做比较，分析之。

（5）心得体会及其他。

3.4.2 三相电路功率的测量

1. 实验元器件与设备

表 3-29 实验元器件与设备

序号	名称	型号与规格	数量	备注
1	交流电压表	0～500 V	1	
2	交流电流表	0～5 A	1	
3	单相功率表		2	DGJ- 07
4	万用表		1	自备
5	三相自耦调压器		1	
6	三相灯组负载	220 V，15 W 白炽灯	9	DGJ-04
7	三相电容负载	1 μF，2.2 μF，4.7 μF/500 V	各 3	DGJ-05

2. 实验原理及说明

（1）对于三相四线制供电的三相星形连接的负载（即 Y_0 接法），可用一只功率表测量各相的有功功率 P_A, P_B, P_C，则三相负载的总有功功率 $\Sigma = P_A + P_B + P_C$。这就是一瓦特表法，如图 3-35 所示。若三相负载是对称的，则只需要测量一相的功率，再乘以 3 即得三相总的有功功率。

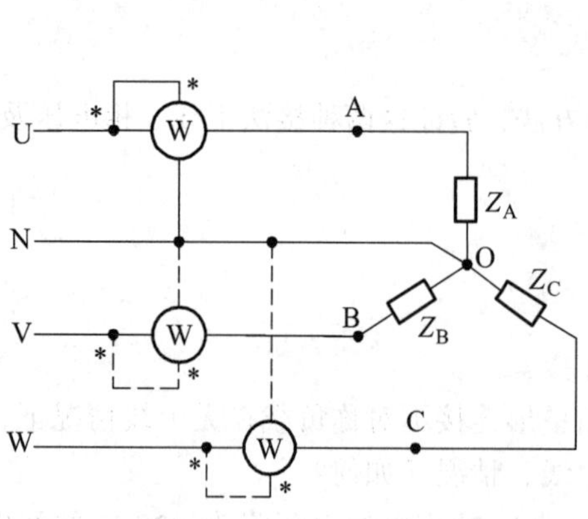

图 3-35 一瓦特表法

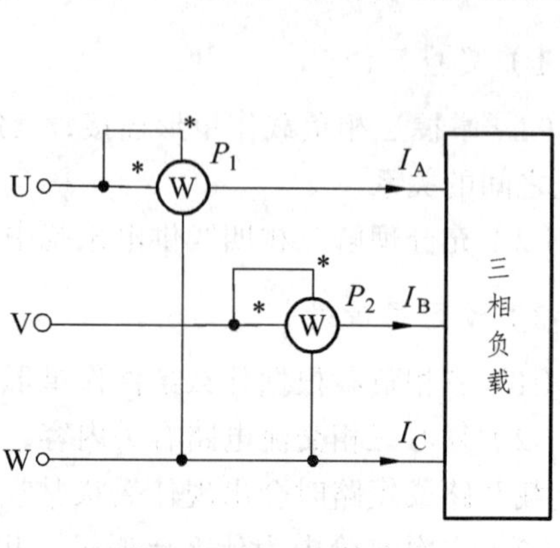

图 3-36 二瓦特表法

（2）三相三线制供电系统中，不论三相负载是否对称，也不论负载是Y接还是△接，都可用二瓦特表法测量三相负载的总有功功率。测量线路如图3-36所示。若负载为感性或容性，且当相位差θ>60°时，线路中的一只功率表指针将反偏（不能调换电压线圈端子），其读数应记为负值。而三相总功率$\Sigma P = P_1 + P_2$（P_1, P_2本身不包含任何意义）。

除图3-36的I_A, U_{AC}与I_B, U_{BC}接法外，还有I_B，U_{AB}与I_C，U_{AC}与I_C，U_{BC}两种接法。

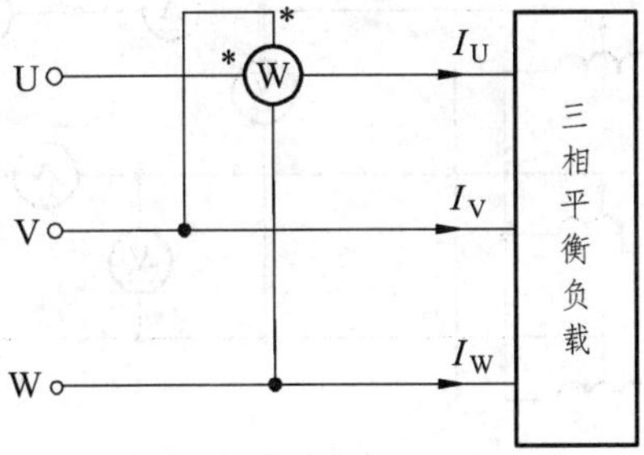

图3-37 一瓦特表法测试负载总无功功率Q

（3）对于三相三线供电的三相对称负载，可用一瓦特表法测得三相负载的总无功功率Q，测试原理线路如图3-37所示。

图示功率表读数的$\sqrt{3}$倍，即为对称三相电路总的无功功率，除了此图给出的一种连接法（I_U, U_{VW}）外，还有另两种连接法，即接成（I_V, U_{UW}）（I_W, U_{UV}）。

3. 实验内容与步骤

（1）用一瓦特表法测定三相对称Y_0接负载以及不对称Y_0接负载的总功率ΣP。实验按图3-38所示电路接线。线路中的电流表和电压表用以监测该相的电流和电压，不要超过功率表电压和电流的量程。

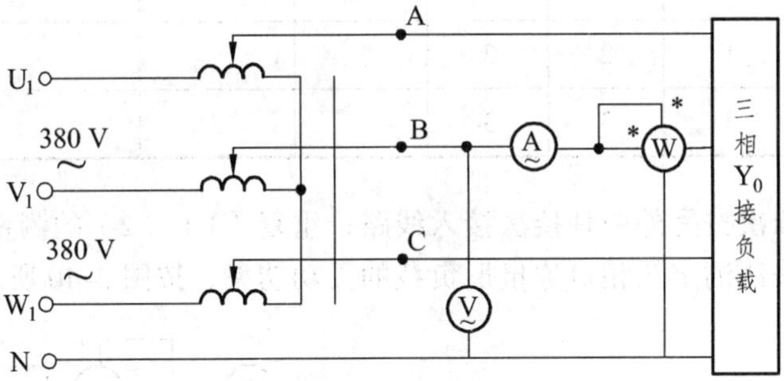

图3-38 测定Y_0接负载总功率

经指导老师检查后，接通三相电源，调节调压输出，使输出线电压为220 V，按表格3-30的要求进行测量及计算。

表3-30 测试表

负载情况	开灯盏数			测量数据			计算值
	A-B相	B-C相	C-A相	P_A(W)	P_B(W)	P_C(W)	ΣP (W)
Y_0接对称负载	3	3	3				
Y_0接不对称负载	1	2	3				

首先将三只表按图 3-38 接入 B 相进行测量，然后分别将三只表换接到 A 相和 C 相，再进行测量。

（2）用二瓦特表法测定三相负载的总功率。

① 按图 3-39 接线，将三相灯组负载接成 Y 形接法。

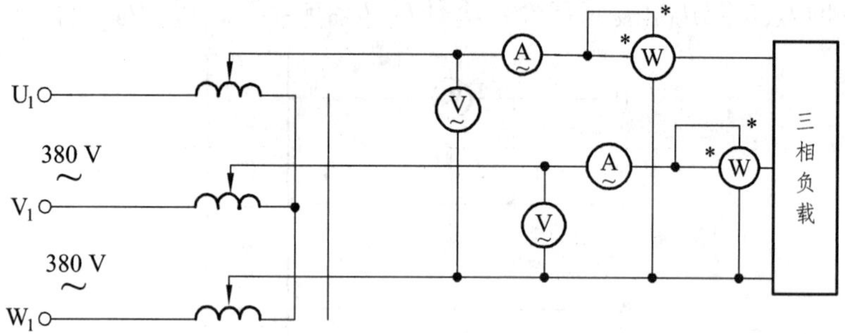

图 3-39　三相负载 Y 形接法

经指导老师检查后，接通三相电源，调节电压输出，使输出线电压为 220 V，按表格 3-30 的要求进行测量及计算。

② 将三相灯组负载改成△形接法，重复（1）的测量步骤，数据计入表 3-31 中。

表 3-31　测试表

负载情况	开灯盏数			测量数据			计算值
	A-B 相	B-C 相	C-A 相	P_A(W)	P_B(W)	P_C(W)	$\sum P$ (W)
Y 接平衡负载	3	3	3				
Y 接不平衡负载	1	2	3				
△接不平衡负载	1	2	3				
△接平衡负载	3	3	3				

将两只瓦特表依次按另外两种接法接入线路，重复（1）、（2）的测量。

（3）用一瓦特表法测定三相对称星形负载的无功功率，按图 3-40 所示的电路接线。

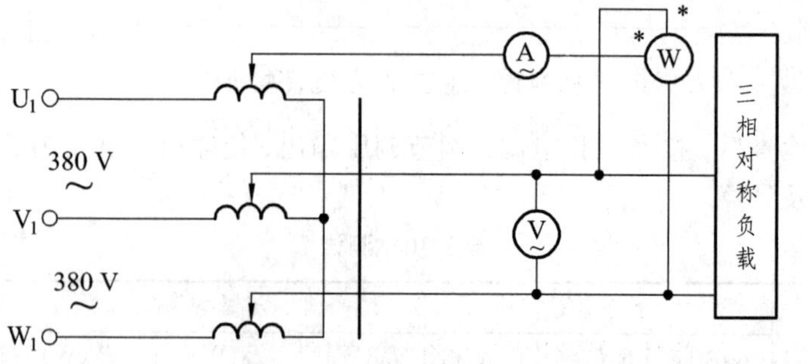

图 3-40　测定三相对称星形负载的无功功率

① 每相负载由白炽灯和电容器并联而成，并由开关控制其接入。检查接线无误后，接通

三相电源，将调压器的输出线电压跳到 220 V，读取三表的读书，并计算无功功率ΣQ，记入表 3-32。

表 3-32 测试表

接法	负载情况	测量值			计算值
		U（V）	I（A）	Q（var）	$\Sigma Q=\sqrt{3}Q$
I_U，U_{VW}	（1）三相对称灯组（每相开 3 盏）				
	（2）三相对称电容器（每相 4.7 μF）				
	（3）（1）、（2）的并联负载				
I_V，U_{VW}	（1）三相对称灯组（每相开 3 盏）				
	（2）三相对称电容器（每相 4μF）				
I_W，U_{VW}	（1）、（2）的并联负载				
I_W，U_{VW}	（1）三相对称灯组（每相开 3 盏）				
	（2）三相对称电容器（每相 4.7 μF）				
	（3）（1）、（2）的并联负载				

② 分别按I_V、U_{UW}和I_W、U_{UV}接法，重复①的测量，并比较各自的ΣQ值。

4. 实验注意事项

每次实验完毕后，均需将三项调压器旋柄调回零位。每次改变接线，均需断开三相电源，以确保人身安全。

5. 实验报告与分析

1）实验目的

（1）掌握用一瓦特表法、二瓦特表发测量三相电路有功功率与无功功率的方法。

2）预习与思考

（1）复习二瓦特表法测量三相电路有功功率的原理。

（2）复习一瓦特表法测量三相对称负载无功功率的原理。

（3）测量功率时为什么在线路中通常都接有电流表和电压表？

3）实验数据与分析

（1）完成数据表格中的各项测量和计算任务。比较一瓦特表和二瓦特表法的测量结果。

（2）总结分析三相电路功率测量的方法和结果。

（3）心得体会及其他。

3.4.3 功率因数及相序的测量

1. 实验元器件与设备

表 3-33 实验元器件与设备

序号	名称	型号与规格	数量	备注
1	单相功率表			DGJ-07
2	交流电压表	0 ~ 500 V		
3	交流电流表	0 ~ 5 A		
4	白灯灯组负载	15W/220 V	3	DGJ-04
5	电感线圈	30 W 镇流器	1	DGJ-04
6	电容器	1 μF，4.7 μf		DGJ-05

2. 实验原理及说明

图 3-41 所示为相序指示器电路，用以测定三相电源的相序 A、B、C（或 U、V、W）。它是由一个电容器和两个电灯连接成的星形不对称三相负载电路。如果电容器所接的是 A 相，则灯光较亮的是 B 相，较暗的是 C 相。相序是相对的，任何一相均可作为 A 相。

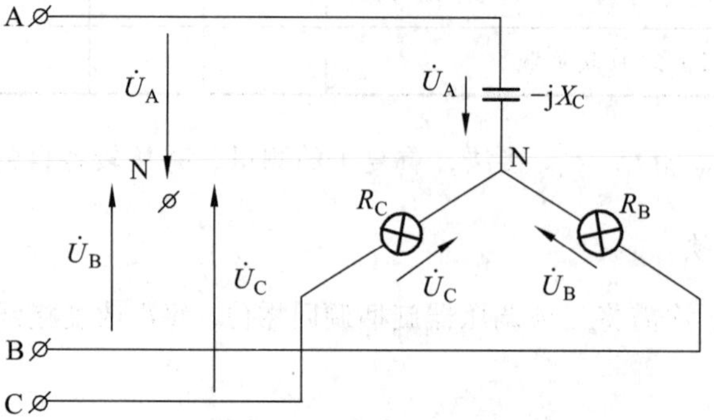

图 3-41 相序指示器电路

但A相确定后，B相和C相也就确定了。为了分析问题简单起见，设 $X_C = R_B = R_C = R$，$\dot{U}_A = U_P\angle 0°$ 则

$$\dot{U}_{N'N} = \frac{U_P\left(-\frac{1}{JR}\right) + U_P\left(-\frac{1}{2} - j\frac{\sqrt{3}}{2}\right)\left(\frac{1}{R}\right) + U_P\left(-\frac{1}{2} + j\frac{\sqrt{3}}{2}\right)\left(\frac{1}{R}\right)}{-\frac{1}{JR} + \frac{1}{R} + \frac{1}{R}}$$

$$U'_B = U_B - U_{N'N} = U_P\left(-\frac{1}{2} - j\frac{\sqrt{3}}{2}\right) - (-0.2 + j0.6)$$

$$= U_P(-0.3 - j1.466) = 1.49\angle -101.6° U_P$$

$$U'_c = U_c - U_{N'N} = U_P\left(-\frac{1}{2} + j\frac{\sqrt{3}}{2}\right) - U_P(-0.2 + j0.6)$$

$$= U_P(-0.3 + j0.266) = 0.4\angle -138.4° U_P$$

由于 $\dot{U}'_B > \dot{U}'_C$，故 B 相灯光较亮。

3. 实验内容与步骤

1）相序的测定

（1）用 220 V、15 W 白炽灯和 1 μF/500 V 电容器，按图 3-42 接线，经三相调压器接入线电压为 220 V 的三相交流电源，观察两只灯泡的亮、暗程度，判断三相交流电源的相序。

（2）将电源线任意调换两相后再接入电路，观察两灯的明亮状态，判断三相交流电源的相序。

2）电路功率（P）和功率因数（$\cos\varphi$）的测定

按图 3-42 所示接线，按表 3-34 所述在 A、B 间接入不同器件，记录读数，并分析负载性质。

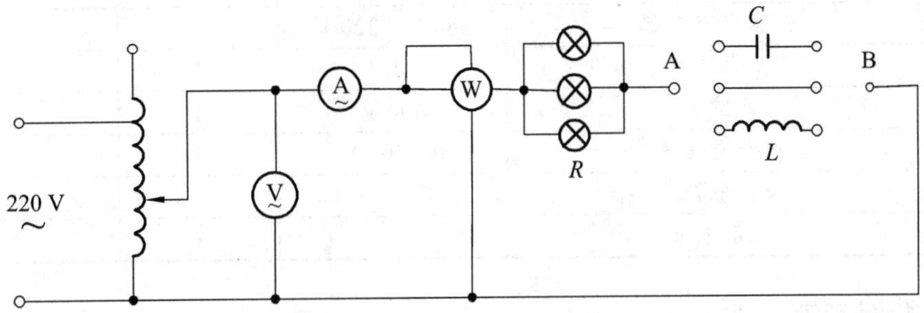

图 3-42　电路功率与功率因数的测定

表 3-34　测试表

A.B 间接入	U（V）	U_R（v）	U_L（v）	U_C（V）	I（A）	P（w）	$\cos\varphi$	负载性质
短接								
接入 C								
接入 L								
接入 L 和 C 并联								

说明：C 为 4.7 μF/500 V，L 为 30 W 日光灯镇流器。

4. 实验注意事项

每次改接线路都必须先断开电源。

5. 实验报告与分析

1）实验目的

（1）掌握三相交流电路相序的测量方法。

（2）熟悉功率因数表的使用方法，了解负载性质对功率因数的影响。

2）预习与思考

（1）根据电路理论，分析图 3-41 检测相序的原理。

（2）简述实验线路的相序检测原理。

（3）根据 U、I、P 三表测定的数据，计算出 $\cos\varphi$，并与 $\cos\varphi$表的读数比较，分析误差原因。

（5）分析负载性质与 $\cos\varphi$的关系。

（6）心得体会及其他。

3.4.4 三相鼠笼式异步电动机的使用

1. 实验元器件与设备

表 3-35 实验元器件与设备

序号	名称	型号与规格	数量	备注
1	三相交流电源	380 V、220 V	1	
2	三相鼠笼式异步电动机	DJ24	1	
3	兆欧表	500 V	1	自备
4	交流电压表	0 ~ 500 V	1	
5	交流电流表	0 ~ 5 A	1	
6	万用电表		1	自备

2. 实验原理及说明

1）三相鼠笼式异步电动机的结构

异步电动机是基于电磁原理把交流电能转换为机械能的一种旋转电机。三相鼠笼式异步电动机的基本结构有定子和转子两大部分。定子主要由定子铁芯、三相对称定子绕组和机座等组成，是电动机的静止部分。三相定子绕组一般有六根引出线，出线端装在机座外面的接线盒内，如图 3-43 所示。根据三相电源电压的不同，三相定子绕组可以接成星形（Y）或三角形（△），然后与三相交流电源相连。

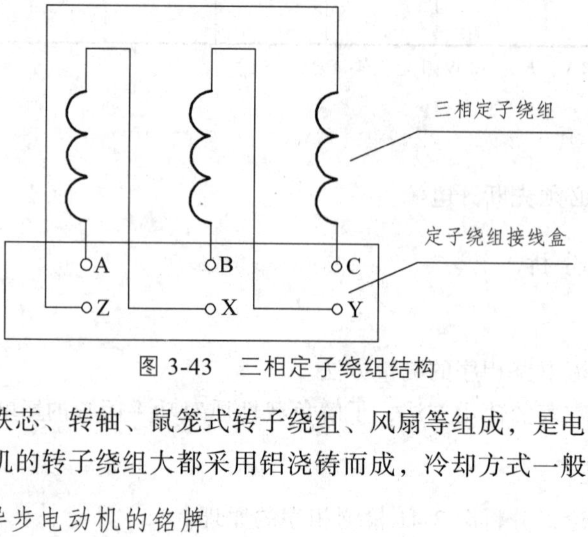

图 3-43 三相定子绕组结构

转子主要由转子铁芯、转轴、鼠笼式转子绕组、风扇等组成，是电动机的旋转部分。小容量鼠笼式异步电动机的转子绕组大都采用铝浇铸而成，冷却方式一般都采用扇冷式。

2）三相鼠笼式异步电动机的铭牌

三相鼠笼式异步电动机的额定值标记在电动机的铭牌上，如下面所示为本实训装置三相鼠笼式异步电动机铭牌。

型号 DJ24　电压 380 V　接法　Y/△

功率　180 W　电流　1.13 A/0.65 A　　转速 1 400 转/分

定额　连续

其中：

（1）功率表示额定运行情况下，电动机轴上输出的机械功率。

（2）电压表示额定运行情况下，定子三相绕组应加的电源线电压值。

（3）接法表示定子三相绕组接法，当额定电压为 380 V 时，应为△接法。

（4）电流表示额定运行情况下，当电动机输出额定功率时，定子电路的线电流值。

3）三相鼠笼式异步电动机的检查

电动机使用前应做必要的检查。

（1）机械检查。

检查引出线是否齐全、牢靠；转子转动是否灵活、匀称、有否异常声响等。

（2）电气检查。

① 用兆欧表检查电机绕组间及绕组与机壳之间的绝缘性能。

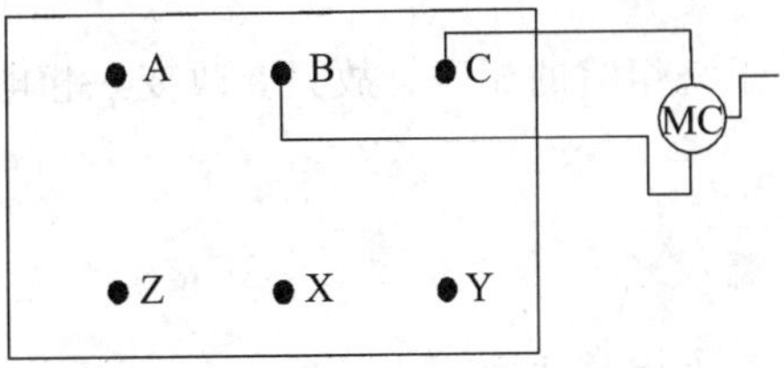

（a）

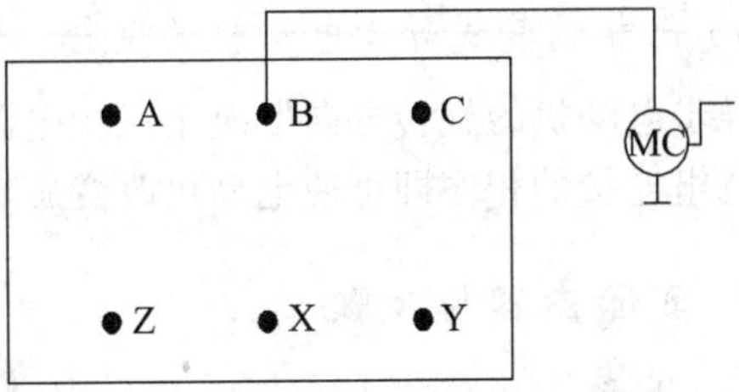

（b）

图 3-44　绝缘电阻测量方法

电动机的绝缘电阻可以用兆欧表进行测量。对额定电压 1 kV 以下的电动机，其绝缘电阻值最低不得小于 1 000 Ω/V，测量方法如图 3-44 所示。一般 500 V 以下的中小型电动机最低应具有 2 MΩ的绝缘电阻。

② 定子绕组首、末端的判别。

异步电动机三相定子绕组的六个出线端有三个首端和三个末端。一般，首端标以 A、B、C，末端标以 X、Y、Z，在接线时如果没有按照首、末端的标记来连接，则当电动机启动时磁势和电流就会不平衡，因而引起绕组发热、振动、有噪音，甚至电动机不能启动因过热而烧毁。由于某种原因定子绕组六个出线端标记无法辨认，可以通过下面方法来判别其首、末端（即同名端）：

用万用电表欧姆挡从六个出线端确定哪一对引出线是属于同一相的，分别找出三相绕组，并标以符号，如 A、X；B、Y；C、Z。将其中的任意两相绕组串联，如图 3-45 所示。

将控制屏单相自耦调压器手柄置零位，电源开关闭合，调节调压器输出，使在相串联两相绕组出线端施以单相低电压 $U = 80 \sim 100$ V，测出第三相绕组的电压，如测得的电压值有一定读数，表示两相绕组的末端与首端相连，如图 3-45（a）所示；反之，如测得的电压近似为零，则两相绕组的末端与末端（或首端与首端）相连，如图 3-45（b）所示。用同样方法可测出第三相绕组的首末端。

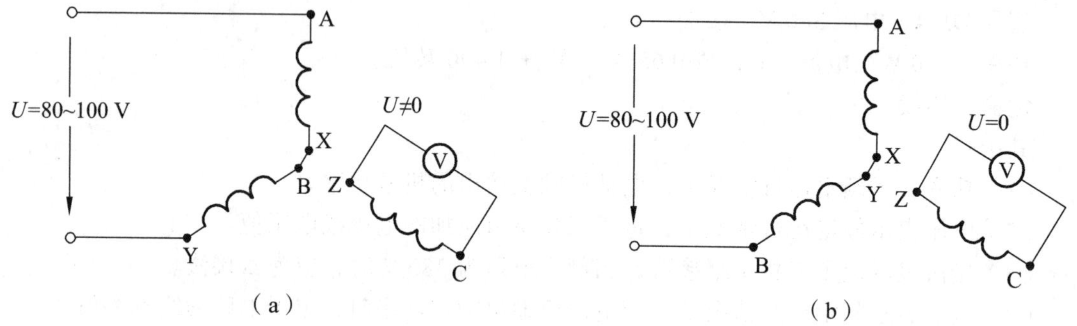

图 3-45 将任意两相绕组串联

4）三相鼠笼式异步电动机的启动

鼠笼式异步电动机的直接启动电流可达额定电流的 4 ~ 7 倍，但持续时间很短，不致引起电机过热而烧坏。但对容量较大的电机，过大的启动电流会导致电网电压的下降而影响其他的负载正常运行，通常采用降压启动，最常用的是 Y-△换接启动，它可使启动电流减小到直接启动的 1/3。其使用的条件是正常运行必须作△接法。

5）三相鼠笼式异步电动机的反转

异步电动机的旋转方向取决于三相电源接入定子绕组时的相序，故只要改变三相电源与定子绕组连接的相序即可使电动机改变旋转方向。

3. 实验内容与步骤

（1）抄录三相鼠笼式异步电动机的铭牌数据，并观察其结构。

（2）用万用电表判别定子绕组的首、末端。

（3）用兆欧表测量电动机的绝缘电阻，如表 3-36 所示。

表 3-36 测试表

各相绕组之间的绝缘电阻		绕组对地（机座）之间的绝缘电阻	
A 相与 B 相	（MΩ）	A 相与地（机座）	（MΩ）
A 相与 C 相	（MΩ）	B 相与地（机座）	（MΩ）
B 相与 C 相	（MΩ）	C 相与地（机座）	（MΩ）

（4）鼠笼式异步电动机的直接启动。

① 采用 380 V 三相交流电源。

将三相自耦调压器手柄置于输出电压为零位置，控制屏上三相电压表切换开关置“调压输出”侧，根据电动机的容量选择交流电流表合适的量程。

开启控制屏上三相电源总开关，按启动按钮，此时自耦调压器原绕组端 U_1、V_1、W_1 得电，调节调压器输出使 U、V、W 端输出线电压为 380 V，三只电压表指示应基本平衡。保持自耦调压器手柄位置不变，按下停止按钮，自耦调压器断电。

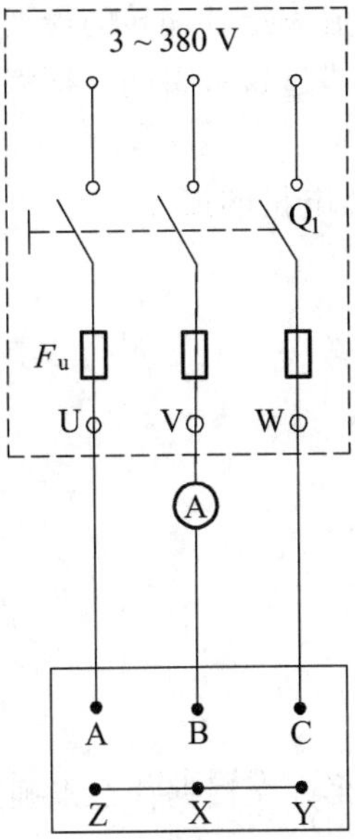

图 3-46　380 V，△接法

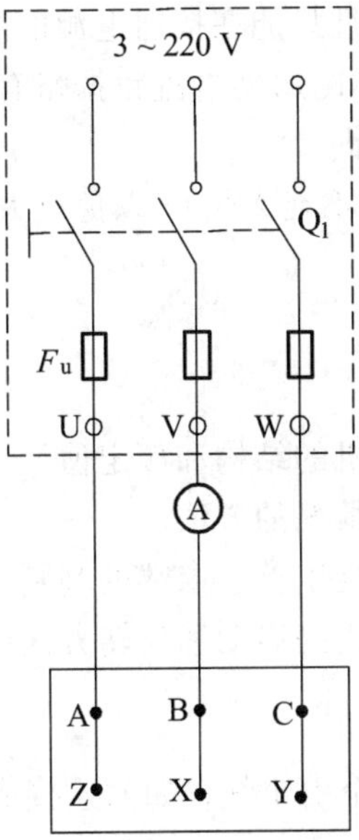

图 3-47　220 V，△接法

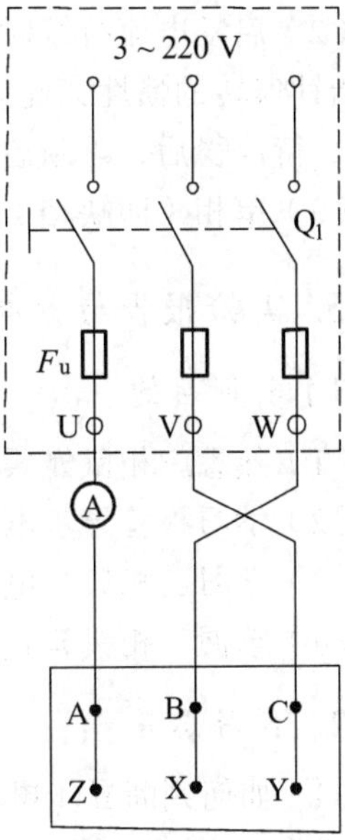

图 3-48　异步电动机反转

a. 按图 3-46 接线，电动机三相定子绕组接成△接法；供电线电压为 380 V；实训线路中 Q1 及 Fu 由控制屏上的接触器 kM 和熔断器 Fu 代替，学生可由 U、V、W 端子开始接线，以后各控制实训均同此。

b. 按控制屏上启动按钮，电动机直接启动，观察启动瞬间电流冲击情况及电动机旋转方向，记录启动电流。当启动运行稳定后，将电流表量程切换至较小量程挡位上，记录空载电流。

c. 电动机稳定运行后，突然拆出 U、V、W 中的任一相电源（注意小心操作，以免触电），观测电动机作单相运行时电流表的读数并记录。再仔细倾听电机的运行声音有何变化（可由指导教师做示范操作）。

d. 电动机启动之前先断开 U、V、W 中的任一相，作缺相启动，观测电流表读数并记录，观察电动机有否启动，再仔细倾听电动机有否发出异常的声响。

e. 实训完毕， 按控制屏停止按钮，切断实训线路三相电源。

② 采用 220 V 三相交流电源。

调节调压器输出使输出线电压为 220V，电动机定子绕组接成△接法。按图 3-47 接线，重复（1）中各项内容，记录之。

（5）异步电动机的反转。

电路如图 3-48 所示，按控制屏启动按钮，启动电动机，观察启动电流及电动机旋转方向是否反转。

4. 实验注意事项

（1）本实验系强电实验，接线前（包括改接线路）、实验后都必须断开实训线路的电源，特别改接线路和拆线时必须遵守“先断电，后拆线”的原则。电机在运转时，电压和转速均很高，切勿触碰导电和转动部分，以免发生人身和设备事故。为了确保安全，学生应穿绝缘鞋进入实训室。接线或改接线路必须经指导教师检查后方可进行实训。

（2）启动电流持续时间很短，且只能在接通电源的瞬间读取电流表指针偏转的最大读数（因指针偏转的惯性，此读数与实际的启动电流数据略有误差），如错过这一瞬间，须将电机停止，待停稳后，重新启动读取数据。

（3）单相（即缺相）运行时间不能太长，以免过大的电流导致电机的损坏。

5. 实验报告与分析

1）实训目的

（1）熟悉三相鼠笼式异步电动机的结构和额定值。

（2）学习检验异步电动机绝缘情况的方法。

（3）学习三相异步电动机定子绕组首、末端的判别方法。

（4）掌握三相鼠笼式异步电动机的启动和反转方法。

2）预习思考题

（1）如何判断异步电动机的六个引出线，如何连接成 Y 形或△形，又根据什么来确定该电动机作 Y 接或△接？

（2）缺相是三相电动机运行中的一大故障，在启动或运转时发生缺相，会出现什么现象？有何后果？

（3）电动机转子被卡住不能转动，如果定子绕组接通三相电源将会发生什么后果？

3）实验报告

（1）总结对三相鼠笼机绝缘性能检查的结果，判断该电机是否完好可用？

（2）对三相鼠笼机的启动、反转及各种故障情况进行分析。

3.4.5 三相鼠笼式异步电动机点动和自锁控制

1. 实验元器件与设备

表 3-37 实验元器件与设备

序号	名称	型号与规格	数量	备注
1	三相交流电源	200 V		
2	三相鼠笼式异步电动机	DJ24	1	
3	交流接触器		1	D61-2
4	按钮		2	D61-2
5	热续电器	D93005d	1	D61-2
6	交流电压表	0 ~ 500 V		
7	万用表		1	自备

2. 实验原理及说明

（1）继电-接触控制在各类生产机械中获得广泛地应用，凡是需要进行前后、上下、左右、进退等运动的生产机械，均采用传统典型的正、反转继电-接触控制。交流电动机继电-接触控制电路的主要设备是交流接触器，其主要构造为：

① 电磁系统。包括铁芯、吸引线圈和短路环。

② 触头系统。分为主触头和辅助触头，还可按吸引线圈得电前后触头的动作状态，分动合（常开）、动断（常闭）两类。

③ 消弧系统。在切断大电流的触头上装有灭弧罩，以迅速切断电弧。

④ 接线端子，反作用弹簧等。

（2）在控制回路中常采用接触器的辅助触头来实现自锁和互锁控制。要求接触器线圈得电后能自动保持动作后的状态，这就是自锁，通常用接触器自身的动合触头与启动按钮相并联来实现，以达到电动机的长期运行，这一动合触头称为“自锁触头”。使两个电器不能同时得电动作的控制，称为互锁控制，如为了避免正、反转两个接触器同时得电而造成三相电源短路事故，必须增设互锁控制环节。为操作的方便，也为防止因接触器主触头长期大电流的烧蚀而偶发触头粘黏后造成的三相电源短路事故，通常在具有正、反转控制的线路中采用既有接触器的动断辅助触头的电气互锁，又有复合按钮机械互锁的双重互锁的控制环节。

（3）控制按钮通常用以短时通、断小电流的控制回路，以实现近、远距离控制电动机等执行部件的启、停或正、反转控制。按钮专供人工操作使用。对于复合按钮，其触点的动作规律是：当按下时，其动断触头先断，动合触头后合；当松手时，则动合触头先断，动断触头后合。

（4）在电动机运行过程中，应对可能出现的故障进行保护。

采用熔断器作短路保护，当电动机或电器发生短路时，及时熔断熔体，达到保护线路、电源的目的。熔体熔断时间与流过的电流关系称为熔断器的保护特性，这是选择熔体的主要依据。

采用热继电器实现过载保护，使电动机免受长期过载危害。其主要的技术指标是整定电流值，即电流超过此值的20%时，其动断触头应能在一定时间内断开，切断控制回路，动作后只能由人工进行复位。

（5）在电气控制线路中，最常见的故障发生在接触器上。接触器线圈的电压等级通常有220 V和380 V等，使用时必须认请，切勿疏忽，否则，电压过高易烧坏线圈，电压过低，吸力不够，不易吸合或吸合频繁，这不但会产生很大的噪声，也因磁路气隙增大，致使电流过大，也易烧坏线圈。此外，在接触器铁芯的部分端面嵌装有短路铜环，其作用是为了使铁芯吸合牢靠，消除颤动与噪声，若发现短路环脱落或断裂现象，接触器将会产生很大的振动与噪声。

3. 实验内容与步骤

认识各电器的结构、图形符号、接线方法，抄录电动机及各电器铭牌数据，并用万用电表Ω挡检查各电器线圈、触头是否完好。

鼠笼机接成△接法，实训线路电源端接三相电源输出端U、V、W，供电线为380 V。

1）点动控制

按图3-49所示点动控制电路进行安装接线。接线时，先接主电路，即从380 V三相交流电源的输出端U、V、W开始，经接触器KM1的主触头，到电动机M的三个接线端A、B、C，用导线按顺序串联起来。主电路连接完整无误后，再连接控制电路，即从380 V三相交流电源某输出端（如V）开始，经过常开按钮SB1、接触器KM的线圈、热继电器FR的常闭触头到三相交流的另一输出端（如W）。显然这是对接触器KM线圈供电的电路。

接好线路并经指导教师检查后，方可进行通电操作。

（1）开启控制屏电源总开关，按下启动按钮，三相交流电源输出线电压为 380 V。

（2）按启动按钮 SB_1，对电动机 M 进行点动操作，比较按下 SB_1 与松开 SB_1 电动机和接触器的运行情况。

（3）实验完毕，按控制屏停止按钮，切断实验电路三相交流电源。

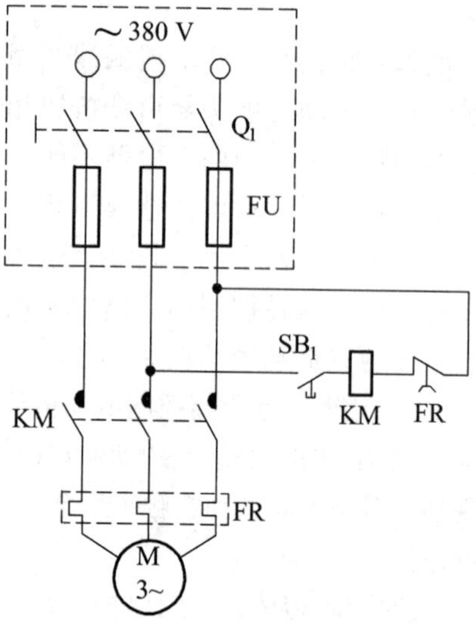

图 3-49　点动控制电路

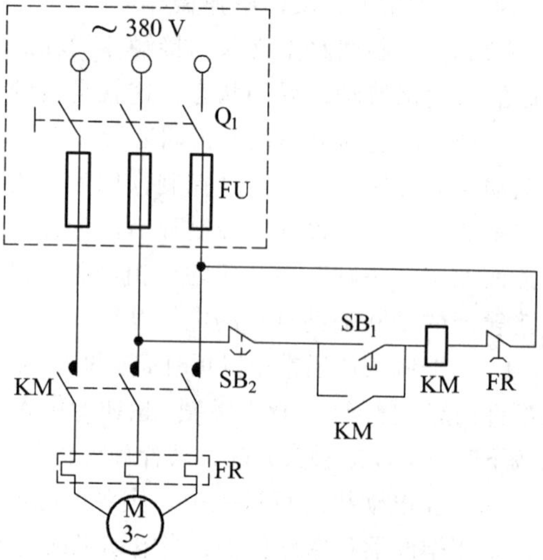

图 3-50　自锁电路

2）自锁控制电路

按图 3-50 所示自锁线路进行接线，它与图 3-49 的不同点在于控制电路中多串联一只常闭按钮 SB_2，同时在 SB_1 上并联 1 只接触器 KM 的常开触头，它起自锁作用。接好线路经指导教师检查后，方可进行通电操作。

（1）按控制屏启动按钮，接通 380 V 三相交流电源。

（2）按启动按钮 SB_1，松手后观察电动机 M 是否继续运转。

（3）按停止按钮 SB_2，松手后观察电动机 M 是否停止运转。

（4）按控制屏停止按钮，切断实训电路三相电源，拆除控制回路中自锁触头 KM，再接通三相电源，启动电动机，观察电动机及接触器的运转情况。从而验证自锁触头的作用。实训完毕，按控制屏停止按钮，切断实验电路的三相交流电源。

4. 实验注意事项

（1）接线时合理安排挂箱位置，接线要求牢靠、整齐、清楚、安全可靠。

（2）操作时要胆大、心细、谨慎，不许用手触及各电器元件的导电部分及电动机的转动部分，以免触电及意外损伤。

（3）通电观察继电器动作情况时，要注意安全，防止碰触带电部位。

5. 实验报告与分析

1）实训目的

（1）通过对三相鼠笼式异步电动机点动控制和自锁控制线路的实际安装接线，掌握由电气原理图变换成实际安装接线的能力。

（2）通过实训进一步加深理解点动控制和自锁控制的特点。

2）预习思考题

（1）试比较点动控制线路与自锁控制线路从结构上看主要区别是什么？从功能上看主要区别是什么？

（2）自锁控制线路在长期工作后可能出现失去自锁作用。试分析产生的原因是什么？

（3）交流接触器线圈的额定电压为 220 V，若误接到 380 V 电源上会产生什么后果？

（4）心得体会与其他。

4 电工技术综合实训

4.1 三相异步电动机常用基本控制

4.1.1 三相鼠笼式异步电动机正反转控制

1. 实验元器件与设备

表 4-1 实验元器件与设备

序号	名称	型号与规格	数量	备注
1	三相交流电源	220 V		
2	三相鼠笼式异步电动机	DJ24	1	
3	交流接触器	JZC4-40	2	
4	按钮		3	
5	热继电器	D9305d	1	
6	交流电压表	0 ~ 500 V	1	
7	万用电表		1	自备

注：实验电机为小功率电机，以额定电压 380 V 工作时采用星形连接，故三相电源采用三相调压器输出线电压 220V，以便能够适应三角形接法。如果实验电机在电压 380 V 时可采用三角形连接，那么三相电源线电压为 380 V。

2. 实验原理及说明

在鼠笼机正反转控制电路中，通过相序的更换来改变电动机的旋转方向。本实训给出两种不同的正、反转控制线路，如图 4-1 及图 4-2 所示，具有如下特点。

1. 电气互锁

为了避免接触器 KM_1（正转）、KM_2（反转）同时得电吸合造成三相电源短路，在 KM_1（KM_2）线圈支路中串接有 KM_1（KM_2）动断触头，它们保证了线路工作时 KM_1、KM_2 不会同时得电（如图 4-1），以达到电气互锁目的。

2. 电气和机械双重互锁

除电气互锁外，可再采用复合按钮 SB_1 与 SB_2 组成的机械互锁环节（如图 4-2），以求线路工作更加可靠。

3. 实验内容与步骤

认识各电器的结构、图形符号、接线方法，抄录电动机及各电器铭牌数据，并用万用电表Ω挡检查各电器线圈、触头是否完好。

鼠笼机接成△接法，实验电路电源端接三相交流电源输出端 U、V、W，供电线电压为220 V。

1）接触器联锁的正反转控制线路

按图 4-1 接线，经指导教师检查后，方可进行通电操作。

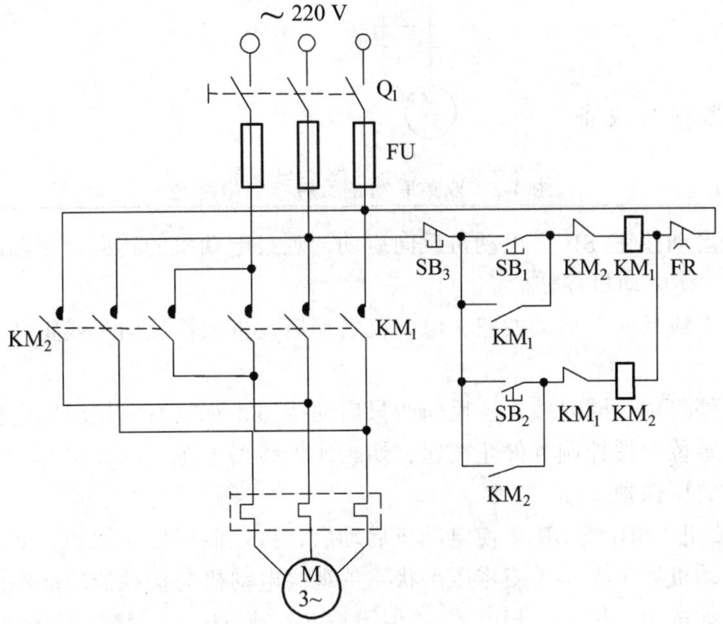

图 4-1 电气联锁正反转控制电路图

（1）开启控制屏电源总开关，按下启动按钮，调节调压器输出，使输出线电压为 220 V。

（2）按正向启动按钮 SB_1，观察并记录电动机的转向和接触器的运行情况。

（3）按反向启动按钮 SB_2，观察并记录电动机和接触器的运行情况。

（4）按停止按钮 SB_3，观察并记录电动机的转向和接触器的运行情况。

（5）再按 SB_2，观察并记录电动机的转向和接触器的运行情况。

（6）实训完毕，按下控制屏停止按钮，切断三相交流电源。

2）接触器和按钮双重联锁的正反转控制线路

按图 4-2 接线，经指导教师检查后，方可进行通电操作。

（1）按控制屏启动按钮，接通线电压 220 V 三相交流电源。

（2）按正向启动按钮 SB_1，电动机正向启动，观察电动机的转向及接触器的动作情况。按停止按钮 SB_3，使电动机停转。

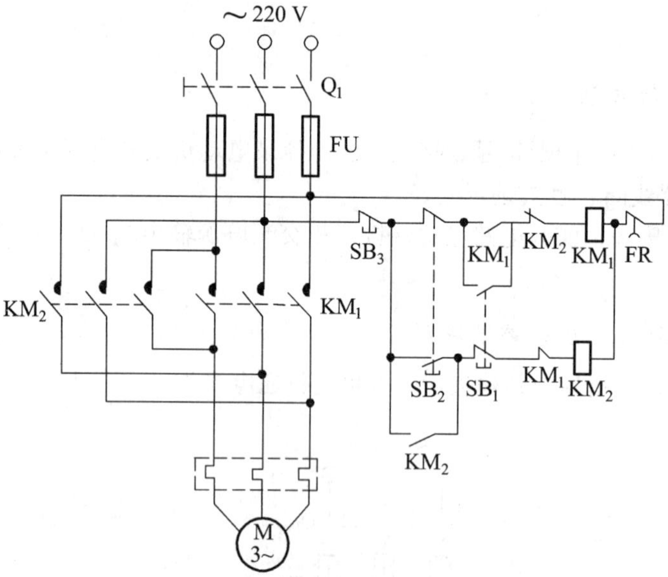

图 4-2　双重联锁正反转控制电路图

（3）按反向启动按钮 SB_2，电动机反向启动，观察电动机的转向及接触器的动作情况。按停止按钮 SB_3，使电动机停转。

（4）按正向（或反向）启动按钮，电动机启动后，再去按反向（或正向）启动按钮，观察有何情况发生？

（5）电动机停稳后，同时按正、反向两只启动按钮，观察有何情况发生？实训完毕，将自耦调压器调回零位，按控制屏停止按钮，切断实训线路电源。

（6）失压与欠压保护。

① 按启动按钮（SB_1 或 SB_2）使电动机启动后，按控制屏停止按钮，断开试验线路与三相电源，模拟电动机处于失压（或零压）状态，观察电动机与接触器的动作情况，随后，再按控制屏上的启动按钮，接通三相电源，（但不按 SB_1 或 SB_2），观察电动机能否自行启动？

② 重新启动电动机后，逐渐减小三相自耦调压器的输出电压，直至接触器释放，观察电动机是否自行停转。

（7）过载保护。

打开热继电器的后盖，当电动机启动后，人为地拨动双金属片模拟点攻击过载情况，观察电机、电器动作情况。

注意：此项内容操作较难且危险，有条件可由指导教师示范操作。

实验完毕，将自耦调压器调回零位，按控制屏停止按钮，切断实验线路电源。

4. 故障分析

（1）接通电源后，按启动按钮（SB_1 或 SB_2），接触器吸合，但电动机不转，且发出“嗡嗡”声响或电动机能启动，但转速很慢。这种故障来自主回路，大多是一相断线或电源缺相。

（2）接通电源后，按启动按钮（SB_1 或 SB_2），若接触器通断频繁，且发出连续的劈啪声或吸合不牢，发出颤动声，此类故障原因可能是：

① 线路接错，将接触器线圈与自身的动断触头串在一条回路上了。
② 自锁触头接触不良，时通时断。
③ 接触器铁芯上的短路环脱落或断裂。
④ 电源电压过低或与接触器线圈电压等级不匹配。

5. 实验报告与分析

1）实训目的

（1）通过对三相鼠笼式异步电动机正反转控制线路的安装接线，掌握由电气原理图接成实际操作电路的方法。

（2）加深对电气控制系统各种保护、自锁、互锁等环节的理解。

（3）学会分析、排除继电-接触控制线路故障的方法。

2）预习思考题

（1）在电动机正、反转控制线路中，为什么必须保证两个接触器不能同时工作？采用哪些措施可解决此问题，这些方法有何利弊，最佳方案是什么？

（2）在控制线路中，短路、过载、失、欠压保护等功能是如何实现的？在实际运行过程中，这几种保护有何意义？

3）心得体会与其他

4.1.2　工作台往返自动控制

1. 实验元器件与设备

表 4-2　实验元器件与设备

序号	名称	型号与规格	数量	备注
1	三相交流电	220 V	1	
2	三相鼠笼式异步电动机	DJ24	1	
3	交流接触器	JZC4-40	2	
4	限位开关		2	
5	按钮		3	
6	热继电器	D9305d	1	

注：实验电机为小功率电机，在额定电压 380 V 工作时采用星形连接，故三相电源采用三相调压器输出线电压 220 V，以便能够适应三角形接法。如果实验电机在电压 380 V 时可采用三角形连接，那么三相电源线电压为 380 V。

2. 实验原理及说明

图 4-3 所示为工作台自动往返控制线路图。当工作台的挡块停在限位开关 SQ_1 和 SQ_2 之间的任意位置时，可以按下启动按钮 SB_1 或 SB_2 使工作台向任一方向运动。例如按下正转按

钮 SB_1，电动机正转带动工作台左进。当工作台到达终点时挡块压下终点限位开关 SQ_2，SQ_2 的常闭触电断开正转控制电路回路，电动机停止转动，同时 SQ_2 的常闭触点闭合，使反转接触器 KM_2 得电动作，工作台右退。当工作台退回原位时，挡块又压下 SQ_1，其常闭触头断开反转控制电路，常开触点闭合，使接触器 KM_1 得电，电动机带动工作台左进，实现了自动往返运动。

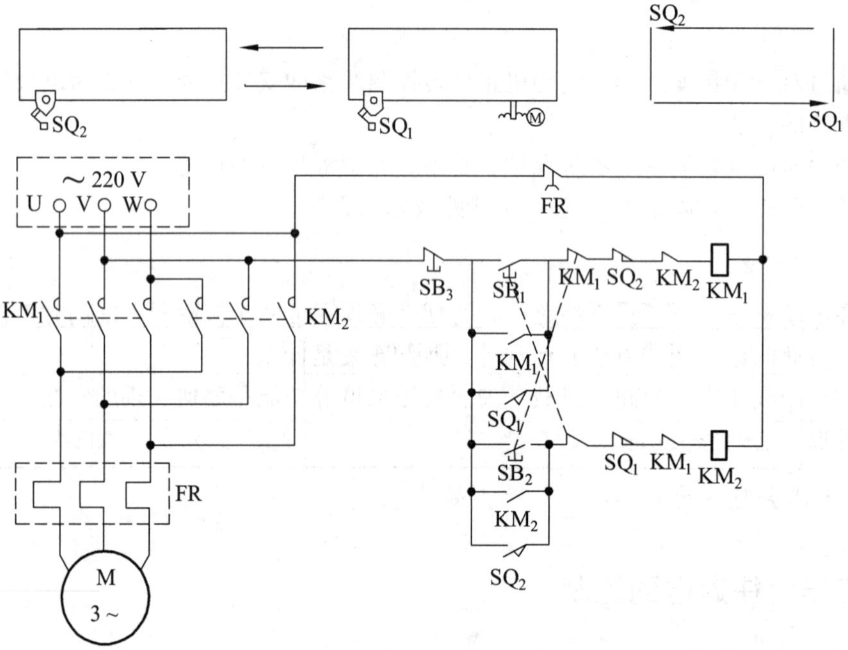

图 4-3　自动往返控制电路图

3. 实验内容与步骤

鼠笼机接成△接法，实验线路电源端由三相自耦调压器输出（U、V、W），供电线电压为 220 V。

按图 4-3 所示接线，经指导教师检查后，方可进行通电操作。

（1）开启控制屏电源总开关，按启动按钮调节调压器输出，使输出线电压为 220 V。

（2）按下 SB_1，使电动机正转，运转约半分钟。

（3）用手按 SQ_2（模拟工作台左进到达终点，挡块下限位开关），观察电动机应停止正向运转。

（4）反转约半分钟，用手按 SQ_1（模拟工作台后退到达原位，挡块压下限位开关），观察电动机应停止反转变为正转。

（5）重复上述步骤，应能正常工作。

4. 实验报告与分析

1）实验目的

（1）通过对工作台自动往返控制电路的实际安装接线，掌握由电气原理图变换成实际安装接线的能力。

（2）通过实验进一步了解工作台往返自动控制原理。

2）心得体会与其他

4.1.3 三相异步电动机顺序控制

1. 实验元器件与设备

表 4-3 实验元器件与设备

序号	名称	型号与规格	数量	备注
1	三相鼠笼异步电动机	DJ24	2	
2	交流接触器	JZC4-40	2	
3	组合按钮开关	3 位	1	
4	灯组负载	DGJ-04	1	
5	白炽灯	220 V，100 W	3	
6	热继电器		2	

注：实验电机为小功率电机，额定电压 380 V 工作时采用星形连接，故三相电源采用三相调压器输出线电压 220 V，以便能够适应三角形接法。如果实验电机在电压 380 V 时可采用三角形连接，那么三相电源线电压为 380 V。

2. 实验内容与步骤

1）三相异步电动机启动顺序控制方法一

按图 4-4 接线，本实验需用 M_1、M_2 两只电机，如果只有一只电机，则可用灯组负载模拟 M_2。图中 U、V、W 为三相调压器输出电源。

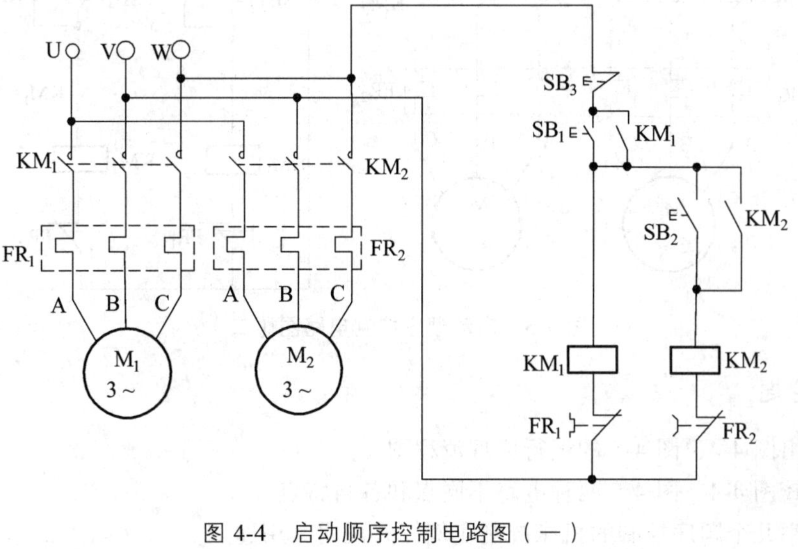

图 4-4 启动顺序控制电路图（一）

（1）将调压器手柄逆时针旋转，启动实验台电源，调压器使输出线电压为 220 V。

（2）按下 SB_1，观察运行情况及接触器吸合情况。

（3）保持 M_1 运转时按下 SB_2，观察电动机运转及接触器吸合情况。

（4）在 M_1 和 M_2 都运转时，能不能单独停止 M_2？

（5）按下 SB_3 使电动机停止运转后，按下 SB_2，电机 M_2 是否启动？为什么？

2）三相异步电动机启动顺序控制方法二

按图 4-5 接线，本实验需用 M_1、M_2 两只电机，如果只有一只电机，则可用灯组负载模拟 M_2。图中 U、V、W 为三相调压器输出电源。

（1）启动过程试验。

① 将调压器手柄逆时针旋转，启动实验台电源，调压器使输出线电压为 220 V。

② 按下 SB_2，观察并记录电机及各接触器运行状态。

③ 再按下 SB_4，观察并记录电机及各接触器运行状态。

④ 再按下 SB_3，观察并记录电机及各接触器运行状态。

⑤ 在 M_1 和 M_2 都运行时，按下 SB_1，观察并记录电机及各接触器运行状态。

（2）停止过程试验。

① 接通 220 V 三相交流电源。

② 按下 SB_2，观察并记录电机及各接触器运行状态。

③ 按下 SB_4，观察并记录电机及各接触器运行状态。

④ M_1 与 M_2 都运行时，单独按下 SB_1，观察并记录电机及各接触器运行状态。

⑤ M_1 与 M_2 都运行时，单独按下 SB_3，观察并记录电机及各接触器运行状态。

⑥ 按下 SB_3 使 M_2 停止再按下 SB_1，观察并记录电机及各接触器运行状态。

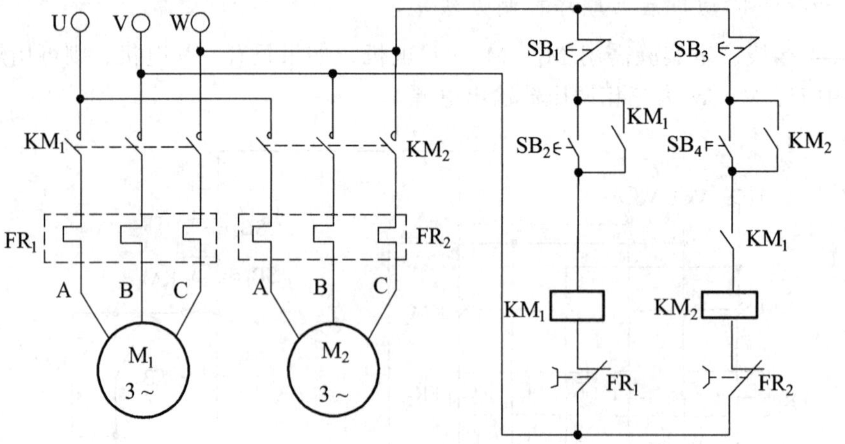

图 4-5　启动顺序控制电路图（二）

3. 讨论题

（1）画出图 4-4，图 4-5 的运行原理流程图。

（2）比较图 4-4、图 4-5 两种电路不同点和各自特点。

（3）例举几个顺序控制的机床控制实例，并说明其用途。

4. 实验报告与分析

1）实验目的

（1）通过各种不同的顺序控制的接线，加深对一些特殊要求机床控制线路的了解。

（2）进一步加深学生的动手能力和理解能力，使理论知识和实践经验进行有效的结合。

2）心得体会与其他

4.2 三相异步电动机启动与制动控制

三相异步电动机启动常用方法有直接启动和降压启动，变速方法有变极变速、变差变速、变频变速三种方法，制动的方法有机械制动和电气制动。本节对三相异步电动机的启动和制动控制列举了一些实训，其包括三相鼠笼式异步电动机 Y-△降压启动控制、能耗制动控制等。

4.2.1 三相鼠笼式异步电动机 Y-△降压启动控制

1. 实验元器件与设备

表 4-4 实验元器件与设备

序号	名称	型号与规格	数量	备注
1	三相交流电源	220 V	1	
2	三相鼠笼式异步电动机	DJ24	1	
3	交流接触器	JZC4-40	2	D61-2
4	时间继电器	ST3PA-B	1	D61-2
5	按钮		1	D61-2
6	热继电器	D9305d	1	D61-2
7	万用电表		1	自备
8	切换开关	三刀双掷	1	D62-2

注：实验电机为小功率电机，额定电压 380 V 工作时采用星形连接，故三相电源采用三相调压器输出线电压 220 V，以便能够适应三角形接法。如果实验电机在电压 380 V 时可采用三角形连接，那么三相电源线电压为 380 V。

2. 实验原理及说明

1）按时间原则控制

时间原则控制的 Y-△降压启动电路的特点，在于各个动作之间有一定的时间间隔，使用的元件主要是时间继电器。时间继电器是一种延时动作的继电器，它从接收信号（如线圈带电）到执行动作（如触电动作）具有一定的时间间隔。此时间间隔可按需要预先整定，以协调和控制生产机械的各种动作。时间继电器的种类通常有电磁式、电动式、空气式和电子式等。其基本功能可分为两类，即通电延时式和断电延时式，有的还带有瞬时动作式的触头。

时间继电器的延时时间通常可在 0.4 ~ 80 s 范围内调节。

按时间原则控制鼠笼式电动机 Y-△降压自动换接启动的控制线路如图 4-6 所示。

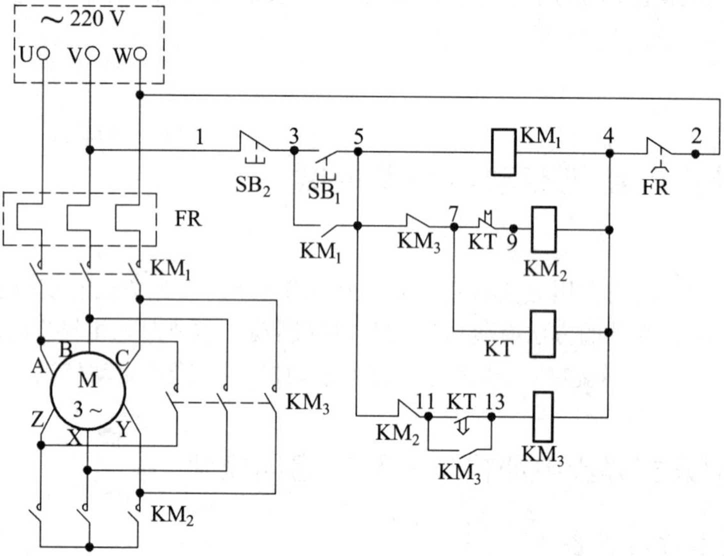

图 4-6　时间原则 Y-△降压启动控制电路图

从主回路看，当接触器 KM_1、KM_2 主触头闭合，KM_3 主触头断开时，电动机三相定子绕组做 Y 连接；而当接触器 KM_1 和 KM_3 主触头闭合，KM_2 主触头断开时，电动机三相定子绕组做△连接。因此，所涉及的控制线路若能先使 KM_1 和 KM_2 得电闭合，后经一定时间的延时，使 KM_2 失电断开，而后使 KM_3 得电闭合，则电动机就能实现降压启动后自动转换到正常工作运转。图 4-6 的控制线路能满足上述要求。该线路具有以下特点：

（1）接触器 KM_3 和 KM_2 通过动断触头 KM_3（5-7）与 KM_2（5-11）实现电气互锁，保证 KM_3 与 KM_2 不会同时得电，以防止三相电源的短路事故发生。

（2）依靠时间继电器 KT 延时动合触头（11-13）的延时闭合作用，保证在按下 SB_1 后，使 KM_2 先得电，并依靠 KT（7-9）先断，KT（11-13）后合的动作次序，保证 KM_2 先断，而后再自动接通 KM_3，也避免了换接时电源可能发生的短路事故。

（3）本线路正常运行（△接）时，接触器 KM_2 及时间继电器 KT 均处断电状态。

由于实验装置提供的三相鼠笼式电动机每相绕组额定电压为 220 V，而 Y/△换接启动的使用条件是正常运行时电动机必须作△接，故实验时，应将自耦调压器输出端（U、V、W）电压调至 220 V。

2）接触器按钮控制

接触器按钮控制方式下，先通过按下 Y 接法启动按钮，KM_1、KM_2 线圈得电，KM_1、KM_2 的主触头接通，电机在星形接法下通电。等待一段时间之后，或电机转速达到一定速度之后，再按下△接法控制按钮，KM_1、KM_3 线圈得电，KM_1、KM_3 的主触头接通，电机接法改成三角形接法。如图 4-7 所示。

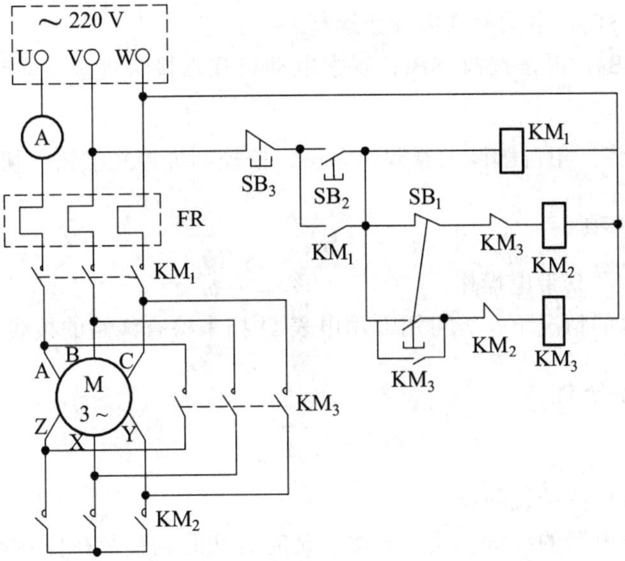

图 4-7 手动控制 Y-△降压启动控制电路图

3. 实验内容与步骤

1）时间继电器控制 Y-△降压启动线路

观察空气阻尼式时间继电器的结构，认清其电磁线圈和延时动合、动断触头的接线端子。用手推动时间继电器衔铁模拟继电器通电吸合动作，用万用电表 Ω 挡测量触头的通与断，以此来大致判定触头延时动作的时间。通过调节进气孔螺钉，即可整定所需的延时时间。

实验线路电源端接自耦调压器输出端（U、V、W），供电线电压为 220 V。

① 按图 4-6 电路进行接线，先接主回路后接控制回路。要求按图示的节点编号从左到右，从上到下，逐行连接。

② 在不通电的情况下，用万用电表 Ω 挡检查线路连接是否正确，特别注意 KM_2 与 KM_3 两个互锁触头 KM_3（5-7）与 KM_2（5-11）是否正确接入。经指导老师检查后，方可通电。

③ 开启控制屏电源总开关，按控制屏启动按钮，接通 220 V 三相交流电源。

④ 按启动按钮 SB_1，观察电动机的整个启动过程及各继电器的动作情况，记录 Y-△换接所需时间。

⑤ 按停止按钮 SB_2，观察电机及各继电器的动作情况。

⑥ 调整时间继电器的整定时间，观察接触器 KM_2、KM_3 的动作时间是否相应地进行改变。

⑦ 实验完毕，按控制屏停止按钮，切断实验电路电源。

2）接触器按钮控制 Y-△降压启动线路

按图 4-7 线路接线，经指导老师检查后，方可进行通电操作。

① 按控制屏启动按钮，接通 220 V 三相交流电源。

② 按下按钮 SB_2，电动机做 Y 接法启动，注意观察启动时，电流表最大读数 $I_{Y启动}$ = ___A。

③ 待电动机转速接近正常转速时，按下按钮 SB_1，使电动机为△接法正常运行。

④ 按停止按钮 SB_3，电动机断电停止运行。

⑤ 先按按钮 SB_2，再按按钮 SB_1，观察电动机在△接法直接启动时的电流表最大读数 $I_{\Delta启动}=$ ____ A。

⑥ 实验完毕，将三相自耦调压器调回零位，按控制屏停止按钮，切断实验线路电源。

4. 实验注意事项

（1）注意安全，严禁带电操作。

（2）只有在断电的情况下，方可用万用电表Ω挡来检查线路的接线正确与否。

5. 实验报告与分析

1）实验目的

（1）进一步提高按图接线的能力。

（2）了解时间继电器的结构、使用方法、延时时间的调整及在控制系统中的应用。

（3）熟悉异步电动机 Y-△降压启动控制的运行情况和操作方法。

2）预习思考题

（1）采用 Y-△降压启动对鼠笼电动机有何要求。

（2）如果要采用一只断电延时式时间继电器来设计异步电动机的 Y-△降压启动控制线路，试问三个接触器的动作次序应作如何改动，控制回路又应如何设计？

（3）控制回路中的一对互锁触头有何作用？若取消这对触头对 Y-△降压换接启动有何影响，可能会出现什么后果？

（4）降压启动的自动控制线路与手动控制线路相比较，有哪些优点？

3）心得体会与其他

4.2.2 三相鼠笼式异步电动机的能耗制动控制

1. 实验元器件与设备

表 4-5 实验元器件与设备

序号	名称	型号与规格	数量	备注
1	三相交流电源	220 V	1	
2	三相鼠笼式异步电动机	DJ24	1	
3	交流接触器	JZC4-40	2	D61-2
4	时间继电器	ST3PA-B	1	D61-2
5	整流变压器	220 V/26V，6.3 V	1	D61-2
6	整流桥堆		1	D61-2
7	制动电阻	10 Ω/25 W	1	D61-2
8	按钮		2	D61-2
9	万用电表		1	自备

2. 实验原理及说明

三相鼠笼电动机实现能耗制动的方法是：在三相定子绕组断开三相交流电源后，在两相定子绕组中通入直流电，以建立一个恒定磁场，转子的惯性转动切割这个恒定磁场而感应电流，此电流与恒定磁场作用，产生制动转矩使电动机迅速停车。

在自动控制系统中，通常采用时间继电器，按时间原则进行制动过程的控制。可根据所需的制动停车时间来调整时间继电器的时延，以使电动机刚一制动停车，就使接触器释放，切断直流电源。

能耗制动过程的强弱与进程，与通入直流电源大小和电动机转速有关，在同样的转速下，电流越大，制动作用就越强烈，一般直流电流取为空载电流的 3 ~ 5 倍为宜。

3. 实验内容与步骤

（1）鼠笼式电动机接成△接法，实验线路电源端接三相自耦调压器输出（U、V、W），供电线电压为 220 V。

初步整定时间继电器的时延，可先设置得大一些（约 5 ~ 10 s）。

本实验中，能耗制动限流电阻 R_T 为 10 Ω/25 W。

（2）按图 4-8 接线，并用万用电表检查线路连接是否正确。

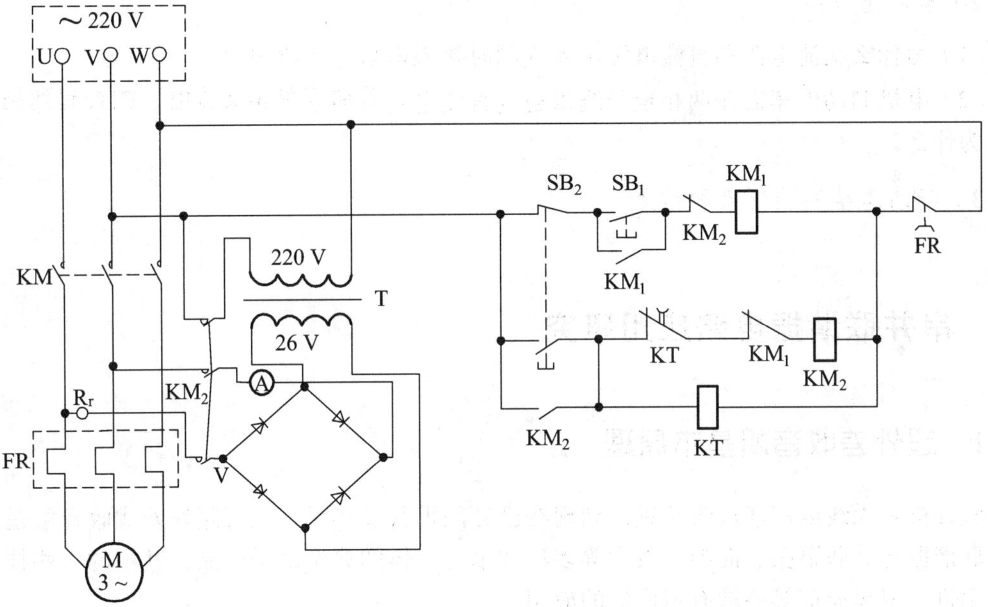

图 4-8 能耗制动控制电路图

（3）开启控制屏电源总开关，按启动按钮，调节调压器输出，使输出线电压为 220 V，按停止按钮，切断三相交流电源。

（4）自由停车操作。

先断开整流电源（如拔去接在 V 相上的整流电源线），按 SB_1，使电动机启动运转，待电动机运转稳定后，按 SB_2，用秒表记录电动机自由停车时间。

（5）制动停车操作。

接上整流电源（即插回接通 V 相的整流电源线）

① 按 SB_1，使电动机启动运转，待运转稳定后，按 SB_2，观察并记录电动机从按下 SB_2 起至电动机停止运转的能耗制动时间 t_z 及时间继电器延时释放时间 t_F，一般应使 $t_F > t_z$。

② 重新整定时间继电器的时延，以使 $t_F = t_z$，即电动机一旦停转便自动切断直流电源。

4. 实验注意事项

（1）每次调整时间继电器的时延，要松开挂箱的面板，因此在调整时都必须在断开三相电源后进行，不可带电操作。

（2）接好线路必须经过严格检查，绝不允许同时接通交流和直流两组电源，即不允许 KM_1、KM_2 同时得电。

5. 实验报告与分析

1）实验目的

（1）通过实验进一步理解三相鼠笼式异步电动机能耗制动原理。

（2）增强实际连接控制电路的操作能力。

2）预习思考题

（1）为什么交流电源和直流电源不允许同时接入电机定子绕组？

（2）电机制动停车需在两相定子绕组通入直流电，若通入单相交流电，能否起到制动作用，为什么？

3）归纳总结实验现象和结果

4.3 串并联谐振电路应用研究

4.3.1 超外差收音机基本原理

收音机是无线电广播接收装置，到现在已经问世很多年了。八管超外差式收音机是一个集串联谐振与并联谐振、混频、放大等多项技术为一体的典型电子产品，其中的一些技术原理在手机、卫星通信等领域有着广泛的应用。

1. 无线电广播声音信号的发射

无线电广播都采用高频电磁波发射的方法。不同电台采用不同频率的高频电磁波做载体，将载波声音信号发射出去。无线广播发射原理如图 4-9 所示。

在无线电发射过程中，高频电磁波起着低频信号运输工具的作用，被称为载波。广播电台的频率就是指载波频率，用低频信号去控制载波信号某一物理量的过程称为调制。

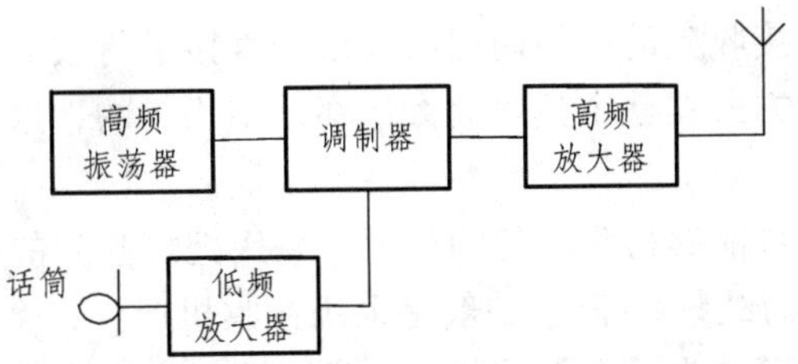

图 4-9 无线广播发射原理框图

一般在无线电发射的时候，不直接将低频信号通过天线发射出去，而是通过调制之后，再进行放大，送至天线发射。声音信号都是一样的，如果不处理就向空中发射，则所有电台的声音信号将混在一起，将互相干扰变成杂音而无法接收。再则根据发射天线长度与波长的关系，可得知低频电磁波发射时要求较长的发射天线，尺寸上很难做到。因此必须利用调制将不同信号调制在不同频段上，通过调制可以将低频信号变为高频信号。

射天线长度与波长的关系：$L=\lambda/4$

无线电信号的调制方式常用的有三种，分别为调幅（AM）、调频（FM）、调相（PM）。在无线广播中常采用调幅和调频。

调幅是用低频信号控制高频载波的幅度变化，使原本等幅的载波信号的振幅随调制信号幅度的变化而变化。它的特点是信号频率较低，占用频带窄，设备简单，但是容易受到干扰。

调频是用低频信号控制高频载波的频率变化，使载波的频率随调制信号的变化而变化。其传输质量要高于调幅的方法，主要是抗干扰能力强、传播稳定，具有较好的频率特性和信噪比，但由于占用频带比较宽，适用于超短波使用。

调相是用低频信号去改变高频信号的相位。

2. 无线电广播声音信号的接收

无线电广播的接收仪器为收音机。在调幅收音机中，多采用磁性天线作为接收信号的天线，如图 4-10 所示。

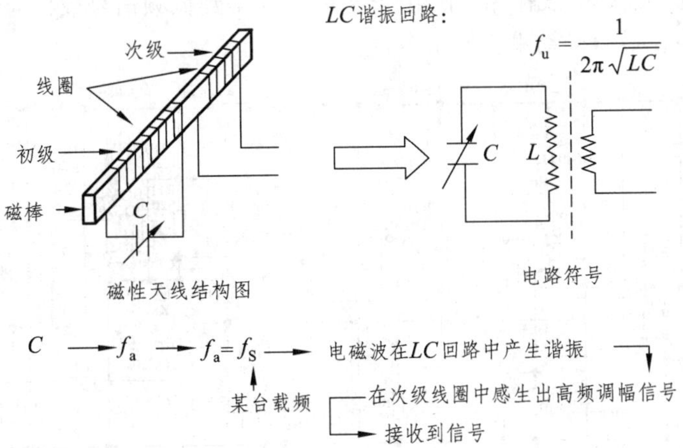

图 4-10 磁性天线与输入回路

对无线电信号接收时常用的方式有直接放大式和超外差式。

直接放大式接收是对接收到的高频调幅载波信号直接进行放大，经检波后直接推动喇叭发出声音。直接放大接收方式在整个频段放大倍率是不均匀的，这种接收方式已很少使用，而广泛采用超外差接收。

为了使不同频率的信号能够得到均匀的放大，采用把接收到的高频信号都变成同一固定的中频信号（仅改变信号的载频频率），一般是采用接收机产生一个高频等幅振荡，然后与外来的信号在变频器中混频而产生一个新的频率（我国调幅广播中波段为 465 kHz），即“外差式”接收，同时对所产生的中频信号放大，这种接收方式就叫“超外差”式。超外差收音机先将高频信号通过变频变成中频信号，此信号的频率高于音频信号频率，其频率固定为 465 kHz。由于 465 kHz 取自于本机振荡信号频率与外部高频信号频率之差，故称为超外差。

$$f_{\text{中频}} = f_{\text{O(本振)}} - f_{\text{S(高频调幅信号)}}$$

465 kHz　1 000 ~ 2 070 kHz　535 ~ 1 605 kHz

超外差式接收有着自身明显的优点。中放可采用窄带放大器，可以较容易地实现很高的增益，工作也比较稳定，能获得较高的灵敏度和稳定性。直接放大式的高放必须采用宽带放大器，在增益要求较高的情况下其实现较为困难，而工作也不稳定。中放级采用窄带放大器，经多个谐振回路选择，有较强的选择性和较高的信噪比。由于不论哪一个电台的广播信号，在接收中都变成固定频率的中频信号再放大，因此，对不同电台具有大致相同的灵敏度。

3. 收音机（八管超外差式）工作原理分析

如图 4-11 所示，在图的左边有一个画成 B1 变压器的元件，它为磁性天线，它与调谐电容 C1-A 构成输入回路，接收到空中的电磁波，转换成微弱的电信号。输入回路形成串联谐振，通过调节调谐电容 C1-A，使得输入回路的谐振频率对准要接受的广播电台频率。三极管 BG1 基极收到 B1 传来的高频电台信号进行放大，其集电极通过 B2，与发射极接的谐振回路形成反馈，产生自激振荡，得到本振频率信号，与电台信号进行混频。B3 为第一中周，它通过并联谐振选出中频信号送到下一级进行放大。BG2、BG3 为中频放大三极管。BG4 把基极跟集电极接在一起，起到检波作用。在电位器 W 上面得到低频信号或称为音频信号，送到之后的低频放大电路，最后推动喇叭发出声音。

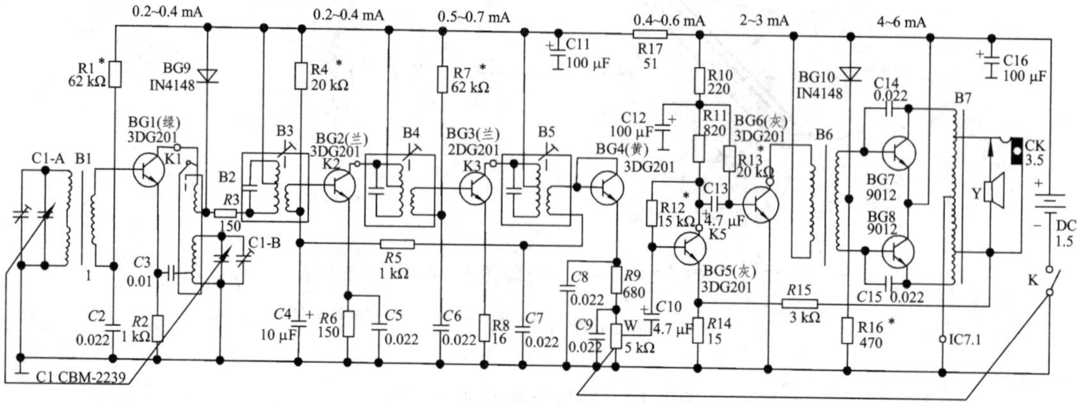

图 4-11　调幅收音机电路原理图

4.3.2 超外差收音机组装

对收音机组装时，先要对元件进行识别和测试，保证元件完好，不让坏了的零件装到电路板上去。然后分成三步进行焊装，先从低放部分开始装上元件进行焊接，之后是中频电路部分组装，再是高频与天线部分。每焊装完一步，对其电路进行测试，确保电路能正常工作。整机装完，再进行调试。

1. 元器件清单与识别

收音机的元件较多，元器件清单如表 4-6 所示。

表 4-6 元器件清单

元器件名称	型号与规格	位号	数量	元器件名称	型号与规格	位号	数量
三极管	9018G	BGI	1	电阻器	10、15、51、220、470	R8、R14、R17、R10、Rl6	各 1 只
三极管	9018H	BG2、BG3、BG4	3	电阻器	150、1 k、20 k、62 k	(R3、R6、R2、R5)、(R4、R13、R1、R7)	各 2 只
三极管	9014C	BG5、BG6	2	电阻器	680，820、3 k、15 k	R9、R11、R15、R12	各 1 只
三极管	9012H	BG7、BG8	2	电位器	WH15-K4Φ16-5k	W	1
二极管	1N4148	BG9、BGlO	2	瓷片电容	0.01 μ（或 103）	C3	1
振荡线圈	TF10-920（红色）	B2	1	瓷片电容	0.022 μ（或 223）	C2、C5、C6、C7、C8、C9、C14、C15	8
中频变压器	TF10-921（黄色）	B3	1	电解电容	4.7 μ	C10、C13	2
中频变压器	TF10-922（白色）	B4	1	电解电容	10 μ	C4	1
中频变压器	TF10-923（绿色）	B5	1	电解电容	100 μ	CII、C12、C16	3
输入变压器	绿色（或蓝色）	B6	1	双联电容	GBM-223PF	C1	1
输出变压器	红色（自耦型）	B7	1	耳机插座	ϕ3.5 mm	CK	1
磁棒及线圈	5×13×100 mm	B1	1	机壳前、后盖各 1；磁棒支架、塑料音窗各 1；螺丝 6 个；喇叭压板 2 个			
电动扬声器	YD66-0.25～2 W-4～8Ω	Y	1	导线（红、黄、黑）6 根：刻度板、调谐拔盘、调谐指示片（可不用）各 1			
				印刷电路板、装配说明书各 1；电池正极片、电池负极簧各 1			

下面分别进行介绍。

元件 1：三极管，共 8 只，如图 4-12 所示。

三极管的检查:

3DG201 (9014、9018) :NPN
3CX201 (9012) :PNP

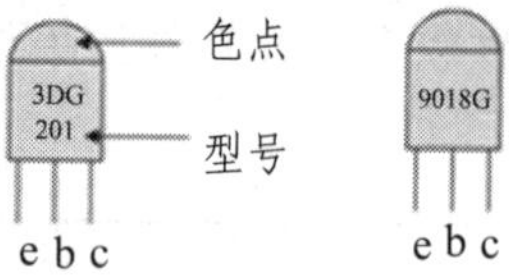

三极管的型号、hFF值、PN结正反向性能测试；E、B、C电极引脚对应。

图 4-12 三极管

零件 2：二极管，共 2 只，如图 4-13 所示。

二极管

2个

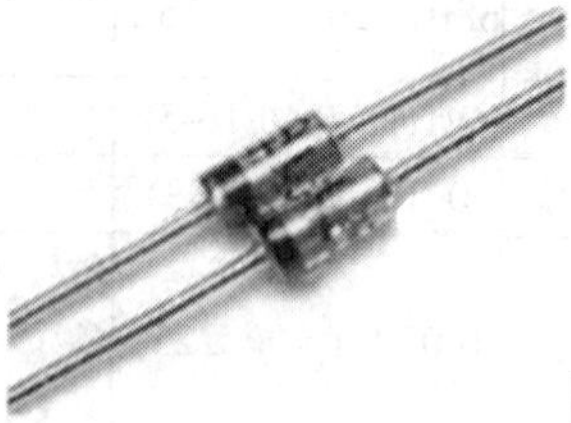

1N4148

BG9 BG10

类别	测量内容	万用表量程
二极管	正、反向电阻	×1K

图 4-13 二极管

零件 3：振荡线圈，中频变压器，输入，输出变压器，如图 4-14 所示。

振荡线圈B_2（红色）

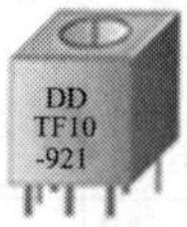

中频变压器B_3（黄色）

中频变压器B_4（白色）

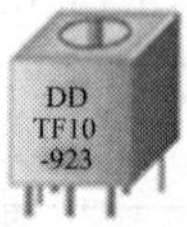

中频变压器B_5（绿色）

输入变压器B_6

输出变压器B_7

变压器 2只

图 4-14 线圈与变压器

零件 4：电阻，共 17 只，如图 4-15 所示。

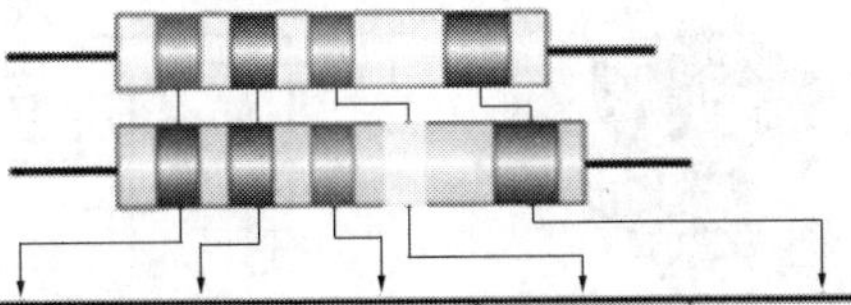

色环色标

颜色	I	II	III	倍率	误差
黑	0	0	0	10^0	
棕	1	1	1	10^1	±1%
红	2	2	2	10^2	±2%
橙	3	3	3	10^3	
黄	4	4	4	10^4	
绿	5	5	5	10^5	±0.5%
蓝	6	6	6		±0.25%
紫	7	7	7		±0.1%
灰	8	8	8		
白	9	9	9		
金				10^{-1}	±5%
银				10^{-2}	±10%

图 4-15　电阻

零件 5：电位器，如图 4-16 所示。

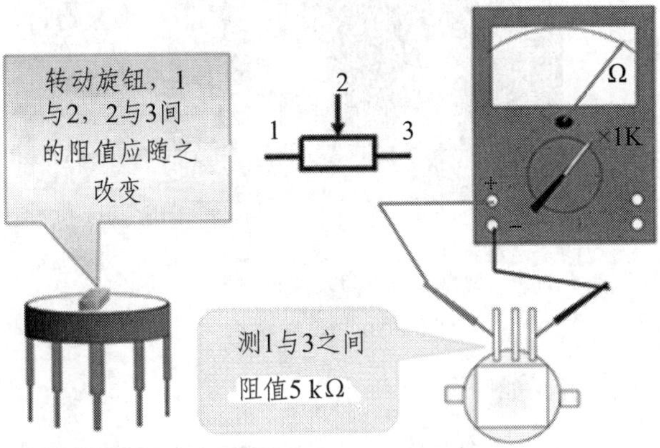

图 4-16　电位器

零件 6：电容，如图 4-17 所示。

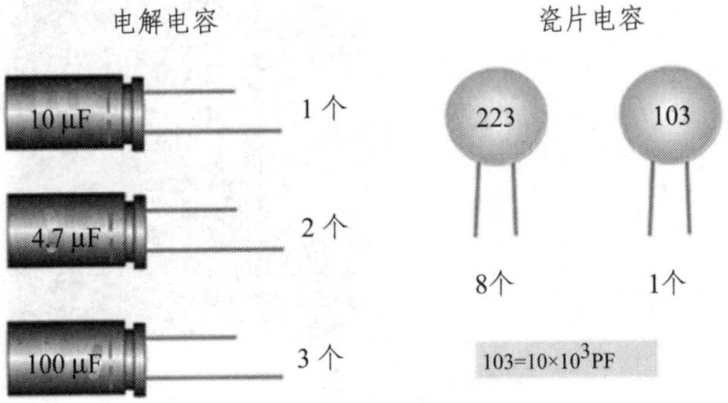

图 4-17　电容

零件 7：耳机插座，如图 4-18 所示。

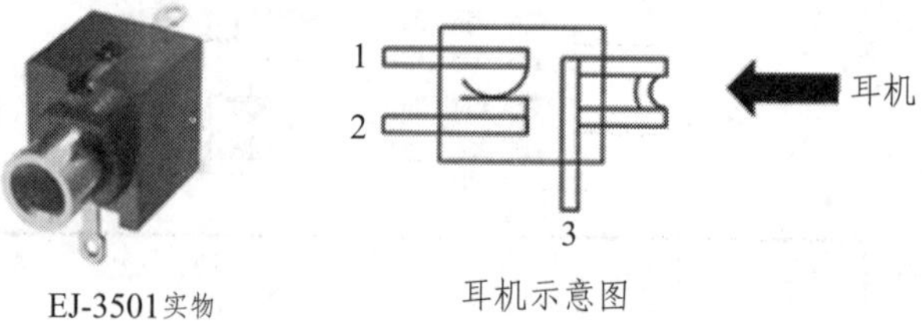

未插入耳机时：1、2引脚短路，2引脚接扬声器、1、3引脚开路；

插入耳机后1、3短路，外接耳机，1、2引脚开路，断开扬声器。

图 4-18　耳机插座

零件 8：双联电容，如图 4-19 所示。

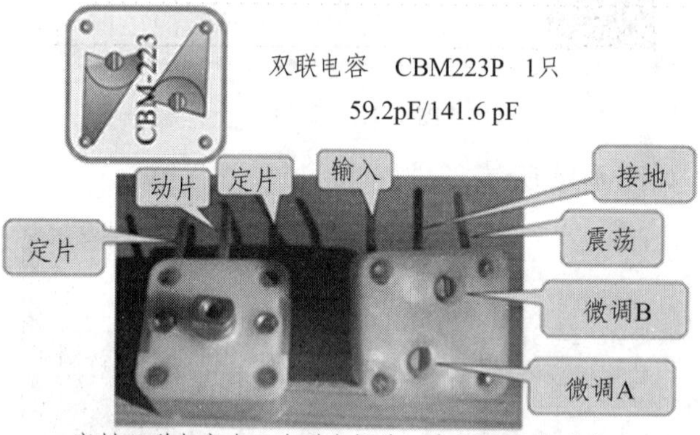

密封双联电容有三个引出焊片，中间一个为动片，两边的是两组定片，安装时动片接地，一组定片接到收音机的输入回路，另一组定片接到振荡回路。

图 4-19　双联电容

零件 9：连接线，电路板，如图 4-20 所示。

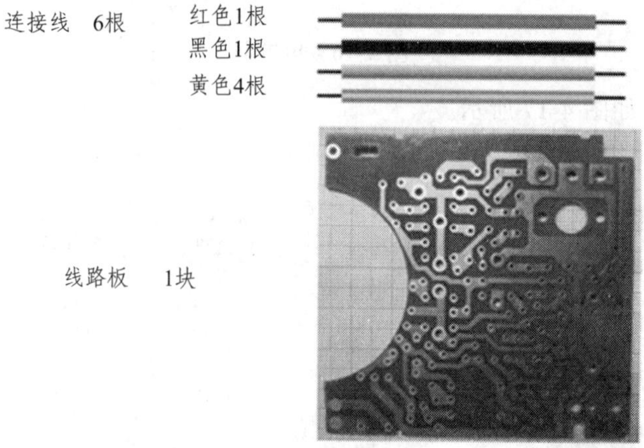

图 4-20　连接线，电路板

零件 10：刻度板，电位盘，调谐盘，如图 4-21 所示。

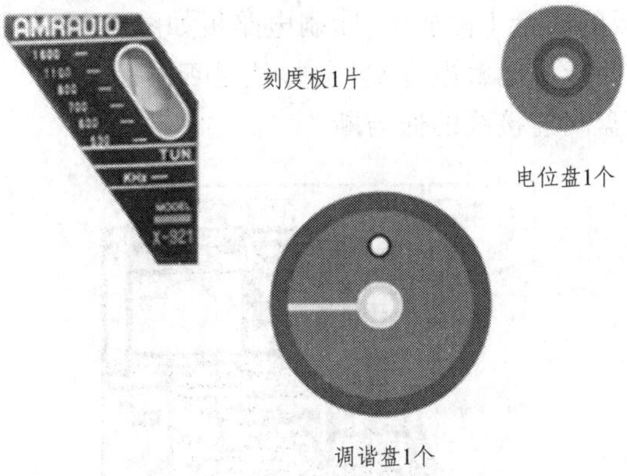

图 4-21 刻度板，电位盘，调谐盘

零件 11：正极片，负极弹簧，磁棒和线圈，磁棒支架，如图 4-22 所示。

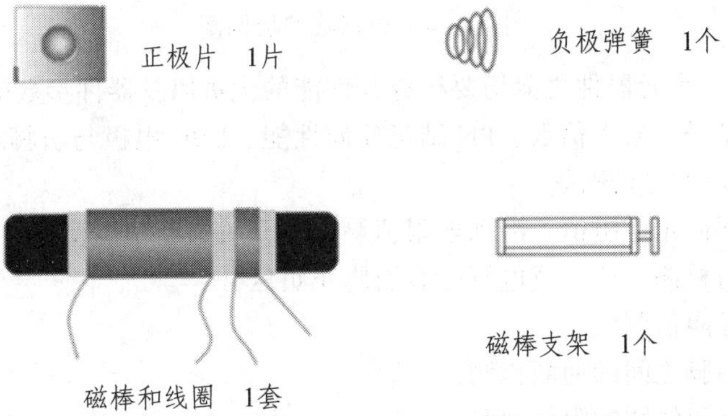

图 4-22 正极片，负极弹簧，磁棒和线圈，磁棒支架

零件 12：螺钉，喇叭，拎带，如图 4-23 所示。

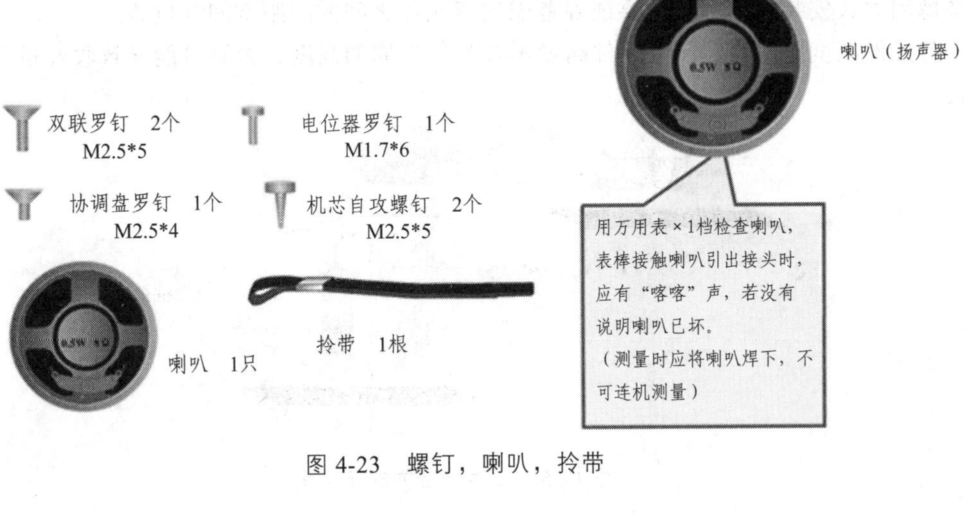

图 4-23 螺钉，喇叭，拎带

2. 组装时注意事项

（1）检查印刷电路板的质量（性能），印刷电路板如图 4-24 所示。

① 注意实际印刷电路板上电解电容 C4 的标注是否误标为 C6。

② 请检查每一根焊盘间连接线的通与断。

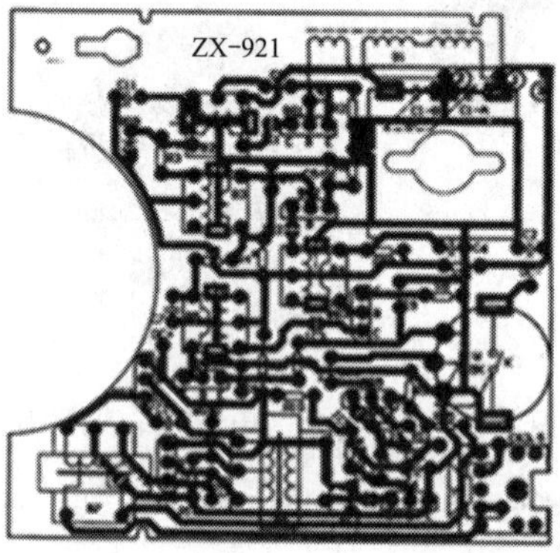

图 4-24　印刷线路板例图

（2）在每安装一个元器件之前均要检查其性能的优劣以及器件参数的实际取值。

① 三极管的型号、放大倍数、PN 结正反向性能、EBC 电极与引脚对应。

② 二极管正反向性能测试。

③ 开关电位器固定电阻值、滑动电阻值测试；开关通断功能检查。

④ 电容器容值检测。要注意电解电容引脚正负区分。

⑤ 电阻的实际阻值测试。

⑥ 耳机插座引脚之间的通断检测。

⑦ 变压器各绕组线圈的阻值检测。

（3）先安装与焊接体积小的元件，比如电阻、电容、三极管、二极管；再安接与焊接体积比较大的元件，比如中频变压器、音频输入/输出变压器、双联电容器、磁棒线圈等。

元件安装时常采用立式和卧式两种，如图 4-25 所示。结合具体情况，多数的电阻和二极管考虑用立式安装焊接方式。要统筹考虑到各元件之间的间距空间与位置。

各元件高度应适当，所有元件高度不宜超过中周的高度，否则可能导致收音机外壳无法合拢。

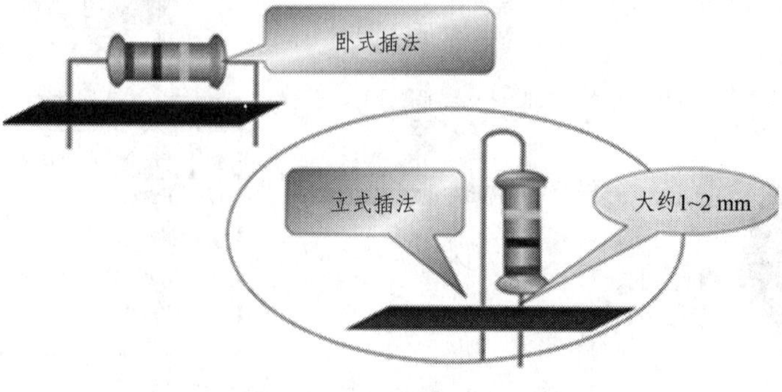

图 4-25　元件安装方式示意图

（4）元件焊接。

元件焊接前，尽量做到“一刮、二镀、三测、四上板”。用小刀刮掉各管脚氧化物到管脚发亮，然后镀上锡。天线线圈、中周、输入及输出变压器这些元件因其引用较细或数量较多，处理时应小心，一般情况下，它们的引线均已镀锡，可不处理。

（5）焊接技术要点。

焊接时，要注意安全，检查烙铁电源线是否破损存在漏电隐患，烙铁在通电后，会发热产生高温，要小心使用，不要烫伤人或烫坏东西。烙铁头不应全部被氧化层包住，保持烙铁头镀锡保护。

焊接时两手各持烙铁、焊锡，从两侧先后依次各以 45°角接近所焊元器件管脚与焊盘铜箔交点处。待融化的焊锡均匀覆盖焊盘和元件管脚后，撤出焊锡并将烙铁头沿管脚向上撤出。待焊点冷却凝固后，剪掉多余的管脚引线。钎焊示意图如图 4-26 所示。

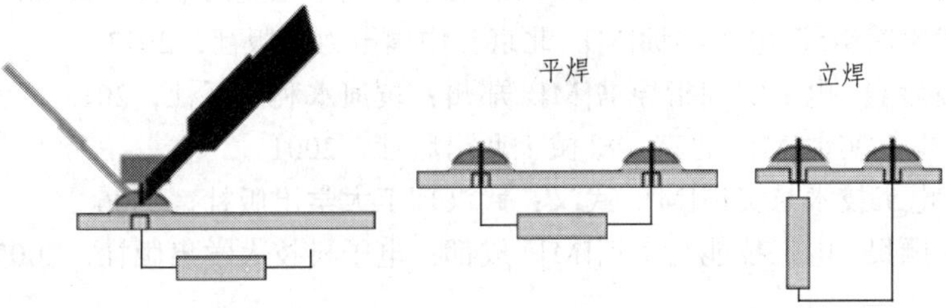

（a）　　（b）　　（c）

图 4-26　钎焊示意图

应注意，每次焊接时间在保证焊接质量的基础上应尽量短（3 ~ 5 s（c））。时间太长，容易使焊盘铜箔脱落；时间太短，容易造成虚焊。

4.3.3　超外差收音机调试

刚焊装完成的收音机，还需对它进行调试，调试内容包括调整中频放大，调整频率覆盖，调整变频级的频率跟踪。

调整中频放大调试时，主要是通过调节中周变压器，使其形成性能参数达标的谐振频率曲线，要求有准确的频率点，足够的频带宽度和对频点外的信号衰减程度。

调整频率覆盖，是收音机能够接收到频率覆盖范围为 535 kΩ ~ 1 605 kHz 的电台信号。常用的方法是调节输入回路线圈在磁棒上的位置，以及输入回路的谐振电容的容量大小。

调整变频级的频率跟踪，常采用三点统调法。统调之后，收音机在接收频率覆盖范围内的信号时，中频信号的频率偏差值控制在允许的范围内。

参考文献

[1] 李妍. 电路基础实训指导[M]. 哈尔滨：哈尔滨工程大学出版社，2008.

[2] 张彩荣. 电路实验与实训教程[M]. 南京：东南大学出版社，2008.

[3] 仇超. 电工实训[M]. 北京：北京理工大学出版社，2015.

[4] 高嵩，苑秀香. 电工电子技术实训[M]. 北京：化学工业出版社，2002.

[5] 国网技术学院组编 电工实训[M]. 北京：中国电力出版社，2013.

[6] 朱毅，凌启鑫. 电工实训指导书[M]. 郑州：黄河水利出版社，2013.

[7] 张小慧. 电工实训[M]. 北京：机械工业出版社，2001.

[8] 邢江勇. 电工技术与实训[M]. 武汉：武汉理工大学出版社，2006.

[9] 黄洪全，顾民. 电工技能与实训[M]. 成都：电子科技大学出版社，2007.